多角形の現代幾何学［新装版］

サーストンのアプローチより

小島 定吉 著

共立出版

本書は1999年10月に（有）牧野書店から『多角形の現代幾何学［増補版］（数理情報科学シリーズ1)』として刊行されましたが，共立出版株式会社が継承し発行するものです．

まえがき

数年前，Shapes of Polyhedra と題した W. P. Thurston による講演の内容を，友人から伝え聞く機会があった．Euclid 図形の形（相似類）の空間が双曲空間に作用する不連続群を生成するという印象深いもので，素朴な題材が現代幾何学により美しく解きほぐされる過程に深く感動した．

図形が等角多角形のときは，問題を小学生でもわかるように話すことができるが，この場合の結論は一見不思議な感じがした．理由が知りたく，当時私のところで卒業研究を行っていた 4 年生といろいろ調べ，半年がかりで種を明かすことができた．種明かしの詳細は，大学院の講義，都立大，岡山大の数学教室の集中講義などで話す機会に恵まれた．余勢をかって特別な場合の一般化を考えていたところ，90 年夏に修士 2 年の山下靖君が星型 5 角形と双曲幾何学の意外な関連を発見した．そのころ本を書く話があり，通常の数学書とは少し趣を変え「Thurston による多角形の形」を中心に私の周辺で進展したことを紹介したいと出版社に相談したところ，幸いにも了解が得られた．以上が本書のテーマを決めた経緯である．

内容は専門家にとっても新鮮なものであるが，群論，関数論，多様体論，初等整数論，双曲幾何学，等質空間，変換群などのごく初歩を知っていれば詳細も十分に理解し得るという意味で初等的である．そこで本書は，第 III 章までで基礎的な事柄の最小限の解説をあたえ，第 IV 章で鏡映変換群の不連続性に関する Poincaré の定理，第 V 章で Thurston による多角形の形の解析，第 VI 章で Yamashita による星の形の記述をていねいに紹介するという構成にした．

書き上がってみると，話題を優先させたため数学の体系を考慮せずその場かぎりの議論展開が目につくが，一応自己完結しているので，幅広い層の読者に対応できると思う．数学に興味をもつ若い人には，講義などで取り上げられる一般論にはなかなか現われない新しい話題を楽しんでもらいたい．ふだん難しいことばかりに関わっている専門家も，第 V 章から小説のように読んでほしい．いまさら多角形などと思っている人が多いと思うが，そのような人にこそ目を通してもらいたいと思う．

執筆に当たり，多くの方のお世話になった．この場を借りて感謝の意を表したい．とくに多角形の形の種明かしと本書の完成に多大な力を貸してくれた石田実君，渡辺実君，山下靖君，内容の構成・体裁に関して貴重な助言を下さった松元重則氏，Luis M. Lopez 氏，このような書物の出版を承諾して下さった牧野書店の牧野末喜氏に深く感謝する．

1993 年 2 月

小島定吉

増補にあたって

初版が出版されてから 6 年たち，多くの方に読んで頂き大変感謝している．ところで，この間も多角形にまつわる話題は留まることはなく，いくつか新しい発見があった．私自身についても，96 年暮れから本書の第 V, VI 章と円周上の点の配置空間との関連が，西晴子さん，山下靖さんとの共同研究に発展した．この度出版社のご好意で版を重ねることになり，共同研究の成果の一部を新たな章を設けて紹介したいと無理を申し出たところ，幸い了解が得られた．そこで本版では，彩色多角形の形に関する第 VII 章を増補し，さらに索引の体裁を改めた．

私の我侭をご快諾下さった牧野書店の牧野末喜氏には，本書のような一般向け数学書としてはかなり異端な書物をあたたかく受け入れ，さらに著者の思い入れにまでご配慮下さり，誠に感謝すると共に，出版人としての姿勢に深い敬意を表したい．

1999 年 7 月

小　島　定　吉

新装版によせて

本書は，1993 年に牧野書店から初版が，その後 1999 年に同書店から増補版が刊行された．時を経て 2009 年に絶版となったが，有難いことに今回共立出版から新装版の話をいただいた．初版のまえがきにも記したとおり，そもそも尖った本なので，28 年を経てなお新鮮さを損なわずそれなりの価値はあると期待し，快諾させていただいた．さらに内容をより明示的に表すタイトルということで，副題「サーストンのアプローチより」を加えることとした．これが本新装版発刊に至る経緯である．

増補版出版後の進展として，第 IV 章の鏡映変換群に関する記述は，最近発展の著しい幾何学的群論の入門編としてそこそこ取り上げられるようになった．また最終章の彩色 5 角形のモジュライの記述は，向きを考慮して二重被覆をとり種数 4 の閉曲面にすることで実際にオブジェクト化することでき，それが ISSEY MIYAKE のパリコレに繋がった．詳しくは，京都大学の藤原耕二氏と私が編集者となり 2020 年に共立出版から発刊された『サーストン万華鏡』の第 5 章と第 9 章を参照いただきたい．

新装版の刊行を構想するにあたり，そもそも発案いただいた共立出版の高橋萌子氏には発刊に至るまでたいへんお世話になった．この場を借りて深く感謝申し上げたい．

2021 年 6 月

小　島　定　吉

目　次

第 I 章

準　　備

大学の 1 年次の学科目として扱われている線型代数と微積分の内容は，ここではくりかえさない．参考書として，すこし高度であるが [佐武，斎藤，杉浦] などを座右においておくとよい．集合論の基本，たとえば和集合 $\cup$，共通部分 $\cap$，集合の直積なども，これらの参考書に述べられている程度は仮定する．本書ではさらに位相空間論と群論などの代数系の用語をかなり自由につかう．この章ではそれらをまとめる．また第 V 章でつかう Möbius の反転公式を解説し，証明をあたえる．

§1.　記号と用語

空集合は $\emptyset$，円周率は π，指数関数は $\exp x$，対数関数は $\log x$，整数，有理数，実数，複素数全体の集合は，それぞれ $\mathbf{Z}$，$\mathbf{Q}$，$\mathbf{R}$，$\mathbf{C}$ で表わす．n 個の順序づけられた実数の組からなる数空間は $\mathbf{R}^n$，n 次実正方行列全体の集合は $\mathrm{M}_n(\mathbf{R})$，正方行列 A の行列式は $\det A$，$\mathrm{M}_n(\mathbf{R})$ の単位行列は $\mathbf{I}_n$，行列 $A=(a_{ij})$ の転置行列は $A^t=(a_{ji})$，行列 A，B の直和は $A\oplus B$ で表す．ただし

$$A\oplus B=\begin{pmatrix} A & 0 \\ 0 & B \end{pmatrix}.$$

数空間 $\mathbf{R}^n$ は線型空間である．$(0,\cdots,0,1,0,\cdots,0)$ のように1つの成分が 1 でその他は 0 であるようなベクトルを基本単位ベクトルといい，基本単位ベクトルの組を $\mathbf{R}^n$ の標準的基底という．計算の際は，ベクトルは縦ベクトルとして扱う．

集合 X に含まれる要素の数を $\#X$ で表す．ある自然数 n に対し $\#X \leq n$ であるとき，X は高々 n 個の元からなるという．整数の集合 $\mathbf{Z}$ と1対1の対応がある集合を可算集合，可算集合ではない無限個の要素をもつ集合を非可算集合という．X が有限集合または可算集合のとき，X は高々可算個の元からなるという．

集合 X に対し，直積 $X \times X$ の部分集合 R を関係といい，$(x,y) \in \mathrm{R}$ のとき x と y は R により関係するという．関係 R がつぎの3条件

(1)　(反射律)　任意の $x \in X$ に対し $(x,x) \in \mathrm{R}$,

(2)　(対称律)　$(x,y) \in \mathrm{R}$ ならば $(y,x) \in \mathrm{R}$,

(3)　(推移律)　$(x,y),(y,z) \in \mathrm{R}$ ならば $(x,z) \in \mathrm{R}$,

をみたすとき，R を同値関係といい，同値関係により関係する元は同値であるという．ある元 $x \in X$ と同値な元全体からなる X の部分集合を，x を含む同値類という．X は同値類の和に分割される．

X の関係 R が反射律と対称律をみたすとし，新たな関係 R' をつぎのように定義する．$(x,y) \in \mathrm{R}'$ とは，有限個の X の元の列 $x = x_1,\cdots,x_k = y$ で各 $j = 1,\cdots,k-1$ について $(x_j, x_{j+1}) \in \mathrm{R}$ となるものが存在するときとする．R' は同値関係となり，R' を R が生成する同値関係という．

集合 X の任意の元 x に対し集合 Y の元 $f(x)$ を決める対応 f を写像といい，$f : X \to Y$ で表す．X の部分集合 X' に対して，Y の部分集合 $\{f(x)\,|\,x \in X'\}$ を X' の f による像とよび $f(X')$ で表す．Y の部分集合 Y' に対し，$\{x \in X\,|\,f(x) \in Y'\}$ を Y' の f による逆像とよび $f^{-1}(Y')$ で表す．写像 $f : X \to Y$ に対し，$f(X) = Y$ となるとき f は全射である，任意の $y \in Y$ に対し $f^{-1}(y)$ が高々1点となるとき f は単射である，全射かつ単射のとき f は全単射であるという．X から X 自身への恒等写像を 1_X で表す．

2 つの集合の間の写像 $f: X \to Y$, $g: Y \to Z$ の合成を $g \circ f$ で表す．いくつかの集合とその間の写像からなる図式に対し，合成により定まる写像が可能な経路のとりかたによらず決まるとき，その図式は可換であるという．たとえば，図式

$$\begin{array}{ccc} X & \xrightarrow{f} & Y \\ {\scriptstyle h}\downarrow & & \downarrow{\scriptstyle g} \\ Z & \xrightarrow[d]{} & W \end{array}$$

は，$g \circ f = d \circ h$ がなりたつとき可換である．

§2. 位 相 空 間

位相空間論の参考書は，たとえば [加藤 1，松本 1] などすぐれたものが数多く出版されている．本書では，読者がある程度位相空間論に馴れていることを期待し，第 II 章以降でつかう概念の定義をまとめる．

位相空間　位相は集合の要素の間の隣接関係を雑に定める概念であって，開集合とよぶ集合演算に関しよい性質をもった部分集合の族を定めることにより定義される．ここで隣接関係とは，集合をつながりのある空間としてみなす約束である．

集合の部分集合からなる集合を族という．集合 X に対し，X の部分集合の族 $\mathcal{O}$ でつぎの 3 条件をみたすものを開集合族とよぶ．

(1) $\emptyset,\ X \in \mathcal{O}$.

(2) 任意の $U, U' \in \mathcal{O}$ に対して，$U \cap U' \in \mathcal{O}$.

(3) $\mathcal{O}$ の任意の部分集合 $\{U_\lambda \in \mathcal{O} \mid \lambda \in \Lambda\}$ に対して，$\cup_{\lambda \in \Lambda} U_\lambda \in \mathcal{O}$.

開集合族 $\mathcal{O}$ を指定することを位相を定めるといい，位相を定めた集合を位相

空間という．開集合族の元を開集合，点 x を含む開集合を x の近傍という．全体も近傍であり，この述語は実際の感覚とはすこしずれがある．

X の部分集合 Y とその点 $x \in Y$ に対して，x の近傍 U で $U \subset Y$ となるものが存在するとき，x は Y の内点であるという．開集合 U の任意の点は U の内点である．補集合が開集合である部分集合を閉集合という．X の部分集合 Y に対し，Y を含む最小の閉集合を Y の閉包，Y の閉包からその内点を除いた集合を Y の境界といい，それぞれ $\bar{Y}, \partial Y$ で表す．X の部分集合 Y が $\bar{Y} = X$ をみたすとき，Y は X で稠密であるという．

位相空間 X の任意の2点 $x \neq y$ に対して，x の近傍 U と y の近傍 V で $U \cap V \neq \emptyset$ となるものがつねに存在するとき，X を Hausdorff 空間という．この条件は以降で扱う空間のほとんどがみたしている標準的条件である．

基　位相空間 X に対し，その開集合の族 $\mathcal{O}'$ が X の開集合の基であるとは，X の任意の開集合 V と V の任意の点 x に対して，$x \in U_\lambda \subset V$ となる $\mathcal{O}'$ の元 U_λ が存在することとする．

基 $\mathcal{O}'$ はつぎの性質をもつ．

(1) 任意の $x \in X$ に対して，$x \in V$ となる $V \in \mathcal{O}'$ が存在する．

(2) $V_1, V_2 \in \mathcal{O}'$ と任意の $x \in V_1 \cap V_2$ に対して，$x \in V_3 \subset V_1 \cap V_2$ となる $V_3 \in \mathcal{O}'$ が存在する．

逆に，X の部分集合の族 $\mathcal{O}'$ がこの 2 つの性質をもつとき，$\mathcal{O}'$ の任意個の元の和集合として表される集合全体を $\mathcal{O}$ とすれば，$\mathcal{O}$ は開集合の 3 条件をみたし X の位相を定める．この位相を，$\mathcal{O}'$ が生成する位相とよぶ．

数空間 $\mathbf{R}^n$ の上の通常の距離は，2 点 $x = (x_1, \cdots, x_n)$, $y = (y_1, \cdots, y_n)$ に対し，

$$d_{\mathbf{R}^n}(x, y) = \sqrt{\sum_{j=1}^{n} (x_j - y_j)^2}$$

であたえられる．この関数 $d_{\mathbf{R}^n}$ による点 $x \in \mathbf{R}^n$ を中心とする半径 r の開球を $B_r(x) = \{y \in \mathbf{R}^n \mid d_{\mathbf{R}^n}(x, y) < r\}$ とし，

$$\mathcal{O}' = \{B_r(x) \subset \mathbf{R}^n \,|\, x \in \mathbf{R}^n,\, r > 0\}$$

とおくと，$\mathcal{O}'$ は基がもつ 2 つの性質をもち，$\mathbf{R}^n$ の Hausdorff 位相を生成する．この位相を数空間 $\mathbf{R}^n$ の標準的位相という．

高々可算個の元からなる基をもつ位相空間は可算基をもつという．数空間 $\mathbf{R}^n$ は，座標が有理数の点からなる稠密可算集合 $\mathbf{Q}^n$ を含む．

$$\mathcal{O}'' = \{B_r(x) \subset \mathbf{R}^n \,|\, x \in \mathbf{Q}^n,\, 0 < r \in \mathbf{Q}\}$$

とおくと，$\mathcal{O}''$ は $\mathbf{R}^n$ の標準的位相の可算基となる．

連続写像と位相同型　2 つの位相空間 X, Y の間の写像 $f : X \to Y$ は，Y の任意の開集合 V に対し $f^{-1}(V)$ が X の開集合となるとき，連続であるという．この定義から連続性を感覚的に把握するのは誰でも時間がかかるが，くりかえし唱えるうちにギャップがないことを表しているような気になってくる．

写像 $f : X \to Y$ は，X の任意の開集合 U に対し $f(U)$ が Y の開集合となるとき，開写像という．開写像は連続とはかぎらない．位相空間 X, Y の間の写像 $f : X \to Y$ が連続全単射で開写像であるとき，f は位相同型であるという．この場合，f が開写像であることと逆写像 f^{-1} が連続になることとは同値である．位相同型で結ばれる X と Y を

$$X \approx Y$$

と表す．位相同型な空間は，位相空間としては区別がつかない．

誘導位相　Y を集合，X を位相空間，$\mathcal{O}_X$ を X の位相を定める開集合族とする．写像 $f : Y \to X$ があるとき，

$$\mathcal{O}_Y = \{f^{-1}(U) \,|\, U \in \mathcal{O}_X\}$$

とすると $\mathcal{O}_Y$ は開集合族の 3 条件をみたし，Y に位相が定まる．この位相を f による誘導位相という．f は誘導位相に関し連続である．また f が全単射

であれば位相同型になる．

位相空間 X とその部分集合 Y があたえられたとき，包含写像 $Y \subset X$ による Y の誘導位相をとくに相対位相という．このとき $\mathcal{O}_Y$ は

$$\mathcal{O}_Y = \{U \cap Y | U \in \mathcal{O}_X\}$$

と表される．Y を相対位相により位相空間とみなし，Y は X の部分空間であるという．

Y を集合，X を位相空間，$\mathcal{O}_X$ を X の位相を定める開集合族とする．今度は逆に，写像 $f: X \to Y$ があり，全射であるときを考える．

$$\mathcal{O}_Y = \{V \subset Y \,|\, f^{-1}(V) \in \mathcal{O}_X\}$$

とすると $\mathcal{O}_Y$ は開集合族の 3 条件をみたし，Y に位相が定まる．この位相をまた f による誘導位相という．f は誘導位相に関し連続である．f が全単射であれば位相同型になる．

位相空間 X の上に同値関係 R が定義されているとき，同値類の集合を X/R で表す．X の各元に同値類を対応させる写像 $X \to X/\mathrm{R}$ が誘導する X/R 上の位相をとくに商位相とよび，X/R を R による商空間という．商位相はもとの位相の性質を反映しないことが多い．たとえば Hausdorff 性は保存されるとはかぎらない．

位相空間 X, Y があたえられたとき，直積空間 $X \times Y$ を自然に位相空間にする方法もある．まず $\mathcal{O}_X, \mathcal{O}_Y$ をそれぞれ X, Y の位相を定める開集合族とする．このとき $X \times Y$ の部分集合の族

$$\mathcal{O}'_{X \times Y} = \{U \times V \,|\, U \in \mathcal{O}_X, V \in \mathcal{O}_Y\}$$

は基のもつ 2 つの性質をもち，$X \times Y$ の位相を生成する．この位相を直積位相という．

離散性　すべての部分集合を開集合とする位相を離散位相という．X を位相空間，Y をその部分空間とする．点 $y \in Y$ は，X の相対位相で開集合に

なるとき，孤立点であるという．Y の任意の点が孤立点のとき，Y は離散的という．離散的部分空間は離散位相をもつ．

孤状連結性　位相空間 X の任意の2点 x, y に対して，単位区間 $[0,1]$ から X への連続写像

$$\mathrm{p}(t) : [0,1] \to X$$

で $\mathrm{p}(0) = x$, $\mathrm{p}(1) = y$ をみたすものが存在するとき，X は孤状連結であるという．ただし $[0,1]$ には実直線 $\mathbf{R}$ から決まる標準的な位相をあたえる．X の部分空間 Y が孤状連結で，Y を真に含む任意の X の部分集合が孤状連結でないとき，Y を X の孤状連結成分という．位相空間 X は孤状連結成分の和に分割される．

コンパクト性　位相空間 X の部分空間 Y に対し，X の部分集合からなる族 $\{V_\lambda \subset X, | \lambda \in \Lambda\}$ が

$$\bigcup_{\lambda \in \Lambda} V_\lambda \supset Y$$

をみたすとき，Y の被覆であるという．被覆の各要素が開集合のとき開被覆という．任意の $y \in Y$ に対して $\{\lambda \in \Lambda, | y \in V_\lambda\}$ が有限集合のとき，Y の被覆 $\cup_{\lambda\in\Lambda} V_\lambda \supset Y$ は局所有限であるという．位相空間 X は，任意の開被覆 $\cup_{\lambda\in\Lambda} U_\lambda \supset X$ に対し，添字の有限部分集合 $\Lambda' \subset \Lambda$ でその和がまた X の被覆 $\cup_{\lambda\in\Lambda'} U_\lambda \supset X$ になるものが存在するとき，コンパクトであるという．

数空間 $\mathbf{R}^n$ の部分集合 X が原点 $\mathbf{O}$ 中心のある有限な半径の開球に含まれるとき，X は有界であるという．

あとで必要になるコンパクト性に関するいくつかの事実をまとめておく．

コンパクト性に関する補題　以下がなりたつ．

(1) $\mathbf{R}^n$ の有界閉集合はコンパクト．

(2) $\mathbf{R}^n$ 内のコンパクト部分空間は有界閉集合．

(3) コンパクト空間の直積はコンパクト．

(4) コンパクト空間の連続写像による像はコンパクト．

(5) コンパクト空間上の連続関数は最小値をもつ.

§3. 群

群論の参考書も数多く出版されている. [森田] は現代の代数を概観するものであるが, 群論の記述は非常にすっきりしている. 本書では, 読者がある程度群論に馴れていることを期待し, 以降でつかう定義, 性質などをまとめる.

群の定義　集合 G が群であるとは, その上に演算「$\cdot$」が定義されていて, つぎの 3 条件をみたすときとする.

(1) (結合法則)　任意の元 $a, b, c \in G$ に対して,

$$(a \cdot b) \cdot c = a \cdot (b \cdot c).$$

(2) (単位元の存在)　任意の元 $a \in G$ に対して,

$$a \cdot e = e \cdot a = e$$

をみたす元 e がただ 1 つ存在する.

(3) (逆元の存在)　任意の元 $a \in G$ に対して,

$$a \cdot a^{-1} = a^{-1} \cdot a = e$$

をみたす元 a^{-1} がただ 1 つ存在する.

e を単位元, a^{-1} を a の逆元という. 以降, 演算は混乱のないかぎり $\cdot$ または何も記さないことにより表す.

準同型と同型　群 G, H の間の写像 $\psi : G \to H$ が任意の元 $a, b \in G$ に対して

$$\psi(a \cdot b) = \psi(a) \cdot \psi(b)$$

をみたすとき，ψ は準同型であるという．準同型は，単位元を単位元に写すなどの自然な性質をもつことが，定義からただちに導かれる．

群 G, H の間の準同型 $\psi : G \to H$ は全単射のとき同型であるという．同型対応のつく群は，群としては区別がつかない．同型な群を

$$G \simeq H$$

と表す．位相空間の場合は逆写像が連続であることが条件にあるが，全単射準同型の逆写像は自動的に準同型になる．

部分群　群 G の部分集合 H が演算で閉じているとき，すなわち任意の $a, b \in H$ に対して $a \cdot b,\ a^{-1} \in H$ であるとき，H は部分群であるという．部分群はそれ自身群である．

群 G の元 $a_1, a_2, \cdots$ を指定したとき，それらおよびそれらの逆元の有限個の積すべてからなる G の部分集合

$$\{a_{j_1}^{\epsilon_1} a_{j_2}^{\epsilon_2} \cdots a_{j_k}^{\epsilon_k} \,|\, k < \infty,\ \epsilon_j = \pm 1\}$$

は G の部分群になる．これを $a_1, a_2, \cdots$ が生成する部分群とよび，

$$< a_1, a_2, \cdots >$$

で表す．$< a_1, a_2, \cdots >$ が G と一致するとき，$a_1, a_2, \cdots$ は G を生成するという．

群 G の元の数を G の位数，元 $a \in G$ が生成する G の部分群 $< a >$ の位数を a の位数という．1つの元で生成される群を巡回群という．

剰余類　群 G の部分群 H に対し，$aH = \{a \cdot h \,|\, h \in H\}$ の形の集合を H の左剰余類とよぶ．G の元 a, b に対し，

$$a \sim b \Leftrightarrow aH = bH$$

とおくと，$\sim$ は同値関係になる．$\sim$ により G は

$$G = \coprod_{j \in J} a_j H$$

の形に類別される．これを G の部分群 H による左剰余類への分解という．G における H の左剰余類の全体の集合を G/H で表す．同様に，Ha の形の部分集合による類別を右剰余類への分解といい，それ全体の集合を $H\backslash G$ と表す．G/H と $H\backslash G$ は同じ個数の元からなる．この個数を G における H の指数といい，$[G:H]$ で表す．

Lagrange の補題

(1) G を群，H をその部分群とすると，$\#G = \#H\,[G:H]$ がなりたつ．

(2) 有限群 G の元の位数は $\#G$ の約数である．

剰余群　群 G の元 a, b が，ある元 $c \in G$ により $c^{-1}ac = a$ と表せるとき，a と b は共役であるという．また G の部分群 H, H' が，ある元 $c \in G$ により $c^{-1}Hc = H'$ と表せるとき，H と H' は共役であるという．部分群 H が任意の $a \in G$ に対して $a^{-1}Ha = H$ をみたすとき，H を正規部分群という．H が正規部分群のとき，G/H に

$$aH \cdot bH = abH$$

により積を定めると，G/H は群になることが確かめられる．この群 G/H を G の H による剰余群とよぶ．

つぎは準同型定理とよばれ，群論ではもっとも基本的な命題の1つである．

準同型定理　G, G' を群，$\psi : G \to G'$ を全射準同型とする．このとき ψ の核 $\mathrm{Ker}\,\psi = \{a \in G \,|\, \psi(a) = e\}$ は G の正規部分群であり，

$$a\,\mathrm{Ker}\,\psi \to \psi(a)$$

により定まる対応：$G/\mathrm{Ker}\,\psi \to G'$ は群の同型である．

§4. Möbius の反転公式

第 V 章で必要になる Möbius の反転公式を解説する．やや独立した命題であり，証明もあたえる．(m,n) を自然数 m,n の最大公約数とし，d が n の約数であるとき，$d|n$ で表す．自然数 n に対し，

$$\varphi(n) = \#\{j \mid 1 \leq j \leq n,\ (n,j)=1\}$$

で定義される関数を Euler 関数という．また $p_1^{e_1}\cdots p_k^{e_k}$ を自然数 n の素因数分解とするとき，

$$\mu(n) = \begin{cases} (-1)^k, & e_1 = \cdots = e_k = 1 \text{ のとき} \\ 0, & \text{それ以外のとき} \end{cases}$$

で定義される関数を Möbius 関数という．ただし $\mu(1) = 1$ と約束する．$(p,q)=1$ であれば $\mu(pq)=\mu(p)\mu(q)$ である．

整数論的関数の公式

(1) (Euler 関数の値) n の素因数分解を $p_1^{e_1}p_2^{e_2}\cdots p_k^{e_k}$ とする．このとき

$$\varphi(n) = n\prod_{j=1}^{k}\left(1-\frac{1}{p_j}\right).$$

(2) (Möbius 関数の和) $n>1$ ならば

$$\sum_{d|n}\mu(d)=0.$$

(3) (Möbius の反転公式) f,g は自然数上で定義された関数で

$$\sum_{d|n}f(d)=g(n)$$

をみたすとする．このとき

$$f(n)=\sum_{d|n}\mu\left(\frac{n}{d}\right)g(d).$$

逆もなりたつ．

(4)　(Euler 関数の和)

$$\sum_{d|n} \varphi(d) = n.$$

証明．(1)　$\varphi(n)$ は n と共通因子をもたない n 以下の自然数の個数だから，n と共通因子をもつ n 以下の自然数の個数を n から引けばよい．一方 p_i を素因子としてもつ n 以下の自然数の個数は n/p_i，$p_i p_j$ $(i < j)$ を素因子にもつものの数は $n/p_i p_j$，以下同様に続く．したがって重複を考えると，

$$\varphi(n) = n - \sum_i \frac{n}{p_i} + \sum_{i<j} \frac{n}{p_i p_j} - \cdots + (-1)^k \sum_{i_1 < \cdots < i_k} \frac{n}{p_{i_1} \cdots p_{i_k}}$$

となる．これを因数分解すればよい．

(2)　n の素因数分解を $p_1^{e_1} \cdots p_k^{e_k}$ とすると，

$$\begin{aligned}\sum_{d|n} \mu(d) &= \mu(1) + \sum_i \mu(p_i) + \sum_{i<j} \mu(p_i p_j) + \cdots + \mu(p_1 p_2 \cdots p_k) \\ &= 1 - k + \binom{k}{2} - \cdots + (-1)^k \\ &= (1-1)^k = 0.\end{aligned}$$

(3)　$g(n)$ の式を結果の $f(n)$ の式に代入すると，

$$\sum_{d|n} \mu\left(\frac{n}{d}\right) g(d) = \sum_{d|n} \sum_{e|d} \mu\left(\frac{n}{d}\right) f(e).$$

右辺の和の項を $f(e)$ でくくり直せば，e は d の約数，したがって n/d は n/e の約数だから

$$= \sum_{e|n} f(e) \left(\sum_{c|\frac{n}{e}} \mu(c) \right).$$

一方 (2) より，$n/e > 1$ のときはかっこのなかが 0 になるので，$f(n)\mu(1)$ だけが残り，$f(n)$ を得る．逆は演習とする．

(4)　$p_1^{e_1} \cdots p_k^{e_k}$ を n の素因数分解とすると，

$$\begin{aligned}\varphi(n) &= n - \sum_i \frac{n}{p_i} + \sum_{i<j} \frac{n}{p_i p_j} - \cdots + (-1)^k \sum_{i_1 < \cdots < i_k} \frac{n}{p_{i_1} \cdots p_{i_k}} \\ &= \sum_{d|n} \mu(d) \frac{n}{d} = \sum_{d|n} \mu\left(\frac{n}{d}\right) d.\end{aligned}$$

ゆえに Möbius の反転公式の逆により

$$\sum_{d|n} \varphi(d) = n$$

となる. □

第 II 章

幾　何　学

この章では，第 III 章以降の基礎になる多様体，Riemann 計量，Lie 群，変換群などについて，基本的なことをまとめる．これらの項目はいずれもそれ自身で 1 冊の本の主題になるような大きな内容をもっている．本章はそのダイジェスト版であり，不十分な部分については詳細な解説がある [松島，服部，松本 2，Milnor 1] などを参照してほしい．

§1.　多　様　体

写像の微分　f を $\mathbf{R}^n$ の開集合 U で定義された実数値関数とする．U の点 x において f の任意の偏微分

$$\frac{\partial^k f}{\partial x_{i_1} \cdots \partial x_{i_k}}$$

が存在し，しかもすべて連続であるとき，f は x で微分可能であるという．f が U の任意の点で微分可能のとき，f はU で微分可能という．f を $\mathbf{R}^n$ の開集合 U で定義された開集合$V \subset \mathbf{R}^m$ への写像 $f = (f_1, \cdots, f_m)$ とする．各 f_i が U で微分可能なとき，f は U で微分可能という．$n = 1$ のとき，微分可能な写像をしばしば $\mathrm{p}(t)$ で表し運動とよぶ．このとき U は開区間

であり，$\mathrm{p}(t)$ は $\mathbf{R}^n$ 内の時刻を助変数とする質点の運動を想定している．

$U \subset \mathbf{R}^n$ の点 x を始点とする $\mathbf{R}^n$ のベクトルを x における接ベクトルとよび，x における接ベクトル全体のなす線型空間を T_xU で表し接空間とよぶ．このとき，微分可能な写像 $f : U \to V$ の x における微分とは，$v \in T_xU$ に対し

$$df_x v = \lim_{t\to 0} \frac{f(x+tv) - f(x)}{t}$$

で定まる接空間の間の線型写像

$$df_x : T_xU \to T_{f(x)}V$$

のこととする．$x + tv$ は，自然に $T_xU = \mathbf{R}^n$ なる同一視をして $\mathbf{R}^n$ のベクトルの和とみなす．df_x は数空間 $\mathbf{R}^n$ の標準的基底に関してヤコビ行列

$$Df(x) = \left(\frac{\partial f_i}{\partial x_j}(x)\right)$$

で表される．

微分はつぎの性質をもつ．

(1) （合成関数の微分法則）$f : U \to V$ および $g : V \to W$ を微分可能な写像とする．このとき $x \in U$ に対し，

$$d(g \circ f)_x = dg_{f(x)} \circ df_x.$$

(2) $L : U \to V$ を線型写像とすると，$dL_x = L$.

微分可能性の概念を広げる．$\mathbf{R}^n$ の開集合とはかぎらない 部分集合 X で定義された写像 $f : X \to Y \subset \mathbf{R}^m$ が点 $x \in X$ で微分可能であるとは，x を含む $\mathbf{R}^n$ の開集合 W と W の上で定義された微分可能な写像 F で

$$F|_{W\cap X} = f|_{W\cap X}$$

をみたすものが存在するときとする．ここで $|$ は写像の定義域の制限を表す．F を f の拡張とよぶ．f が X の任意の点で微分可能なとき，X で微分可能

であるという．写像 $f: X \to Y$ は，全単射でありかつ f, f^{-1} が微分可能なとき，微分同型であるという．微分可能性は連続性を含むので，微分同型は位相同型である．

補題：微分同型の微分は非退化　f を $\mathbf{R}^n$ の開集合 U から $\mathbf{R}^m$ の開集合 V への微分同型とする．このとき $n = m$ であり，任意の $x \in U$ で $\operatorname{rank} df_x$ は $n = m$ に等しい．ここで rank は線型写像の階数を表す．

証明．合成 $f^{-1} \circ f$ は U 上の恒等写像である．x での微分は

$$df^{-1}_{f(x)} \circ df_x = 1_{T_x U}$$

であり，df_x は単射となる．一方，順序をかえた合成 $f \circ f^{-1}$ は V 上の恒等写像だから，また $f(x)$ における微分により df_x が全射であることがわかる．したがって $df_x : T_x U \to T_{f(x)} V$ は線型空間の間の全単射であり，$n = m$ かつ $\operatorname{rank} df_x = n$．　□

この補題の逆は以下のように局所的になりたち，逆関数定理とよばれている．証明は [杉浦] を参照してほしい．

逆関数定理　f を $\mathbf{R}^n$ の開集合 U から $\mathbf{R}^n$ への微分可能な写像で，点 $x \in U$ において $\operatorname{rank} df_x = n$ であるとする．このとき，U における x の近傍 U' として $f|_{U'} : U' \to \mathbf{R}^n$ が像 $f(U')$ への微分同型となるものが存在する．

多様体　$\mathbf{R}^m$ の部分集合 X が n 次元の可微分多様体，または単に多様体であるとは，任意の点 $x \in X$ に対し，x の $\mathbf{R}^m$ の近傍 V として $V \cap X$ が $\mathbf{R}^n$ の開集合 U と微分同型であるものがとれるときとする．多様体 X の次元 n を $\dim X$ で表す．多様体は数空間の部分空間と位相同型であり，可算基をもつ Hausdorff 空間である．

n 次元多様体 X の点 x の近傍に対し，$\mathbf{R}^n$ の開集合 U から微分同型

$$\alpha : U \to V \cap X$$

は x のまわりの局所的な座標をあたえる．微分同型 α を x の近傍の助変数表示という．助変数表示は x に対して一意的には決まらない．$n=1$ のときは点 $x \in X \subset \mathbf{R}^m$ の近傍の助変数表示は $\mathbf{R}^m$ 内の X の上を動く $d\alpha_{\alpha^{-1}(x)}$ の階数が 1 の運動 $\alpha(t): U \to X \subset \mathbf{R}^m$ である．このような運動は $t=\alpha^{-1}(x)$ の近傍では止ったり，あと戻りなどはせず，点 $x \in X$ の近傍は $\alpha(t)$ の像で覆われる．助変数表示のとりかたの自由度は，像が決まっているときの運動の自由度である．

多様体の例　(1)　当たり前の例であるが，$\mathbf{R}^n$，その開集合，また多様体の開集合は多様体である．行列全体の集合 $\mathrm{M}_n(\mathbf{R})$ は，成分を横に並べることにより $\mathbf{R}^{n^2}$ と同一視して多様体とみなせる．

(2)　すこし考える必要がある例として，点集合

$$\{x \in \mathbf{R}^{n+1} \mid -x_0^2 - \cdots - x_{p-1}^2 + x_p^2 + \cdots + x_n^2 = 1\}$$

は 2 次超曲面とよばれ n 次元多様体である．読者は各点に直接助変数表示をあたえてみるとよい．また，助変数表示の存在を示すため，この節の最後で解説する陰関数定理を用いる方法を試してみるとよい．

(3)　高々可算個の点からなる離散的空間は自然に多様体とみなせる．2 つの多様体の直積もまた自然に多様体とみなせる．このように，最初に $\mathbf{R}^n$ の部分集合として定義されていない空間でも自然にみかたを指定して多様体とみなせることがしばしばある．多様体は文字通り多様にあり，現代数学のいろいろなところに現われる．本書に現われる多様体は，多様体であることがすぐにわかるものばかりである．

接空間　$X \subset \mathbf{R}^m$ を n 次元多様体とする．$x \in X$ に対し x の近傍の助変数表示 $\alpha: U \to X$ をとる．ここで $\alpha(y)=x$ とする．α を $U \subset \mathbf{R}^n$ から $X \subset \mathbf{R}^m$ への写像とみなし，

$$T_xX = d\alpha_y(T_yU)$$

を X の x での接空間とよぶ．これが定義として正当であるためには，T_xX

が X と x だけから定まり，α のとりかたにはよらないことを確かめる必要がある．

補題：接空間 T_xX は well-defined　T_xX は x の近傍の助変数表示 α のとりかたによらず決まる n 次元線型空間である．

証明．$\beta : V \to X$ を $x \in X$ の近傍の別の助変数表示とし，$\beta(z) = x$ とする．このとき $\beta^{-1} \circ \alpha$ は $y \in U$ の小さな近傍 U_1 で像 $\beta^{-1} \circ \alpha(U_1) = V_1$ に微分同型となり，可換な図式

$$\begin{array}{ccc} \mathbf{R}^m & \xrightarrow{1_{\mathbf{R}^m}} & \mathbf{R}^m \\ {\scriptstyle\alpha}\uparrow & & \uparrow{\scriptstyle\beta} \\ U_1 & \xrightarrow[\beta^{-1}\circ\alpha]{} & V_1 \end{array}$$

の微分をとると，

$$\begin{array}{ccc} T_x\mathbf{R}^m & \xrightarrow{1_{T_x\mathbf{R}^m}} & T_x\mathbf{R}^m \\ {\scriptstyle d\alpha_y}\uparrow & & \uparrow{\scriptstyle d\beta_z} \\ T_yU_1 & \xrightarrow[d(\beta^{-1}\circ\alpha)_y]{} & T_zV_1 \end{array}$$

が得られる．この図式はまた可換であり $d\alpha_y$ と $d\beta_z$ の像は一致するので，T_xX は助変数表示のとりかたにはよらない．

$\alpha^{-1} : \alpha(U) \to U$ は微分可能な写像だから，$\alpha(U)$ の点 x を含む $\mathbf{R}^m$ の開集合 W と W 上で定義された微分可能な $\alpha^{-1}|_{\alpha(U)\cap W}$ の拡張 $F : W \to \mathbf{R}^n$ が存在する．また，可換な図式

$$\begin{array}{ccc} W & \xrightarrow{1_W} & W \\ {\scriptstyle\alpha}\uparrow & & \downarrow{\scriptstyle F} \\ \alpha^{-1}(\alpha(U)\cap W) \subset U & \xrightarrow[\text{包含写像}]{} & \mathbf{R}^n \end{array}$$

の微分をとると，

$$\begin{array}{ccc} T_xW & \xrightarrow{1_{T_xW}} & T_xW \\ {\scriptstyle d\alpha_y}\uparrow & & \downarrow{\scriptstyle dF_x} \\ T_yU & \xrightarrow[\text{恒等写像}]{} & T_x\mathbf{R}^n \end{array}$$

となる．この図式は可換であり，$d\alpha_y$ の階数が n で，T_xX の次元が n であることを示す．　□

写像の微分　多様体 $X \subset \mathbf{R}^n$，$Y \subset \mathbf{R}^m$ と，その間の微分可能な写像 $f : X \to Y$ があり，点 $x \in X$ の像を $y = f(x)$ とする．f は微分可能だから，$\mathbf{R}^n$ における x の近傍 W と微分可能な $f|_{X\cap W}$ の拡張 $F : W \to \mathbf{R}^m$ が存在する．そこで

$$df_x = dF_x|_{T_xX} : T_xX \to T_{f(x)}Y$$

により f の x における微分 df_x を定める．これが定義として正当であるためには，任意の $v \in T_xX$ に対して $df_xv \in T_{f(x)}Y$ であることと，F のとりかたによらないことを示す必要がある．

補題：微分 df_x は well-defined　df_x は拡張 F のとりかたによらず定まる $T_{f(x)}Y$ への線型写像である．

証明．$x \in X$ と $y \in Y$ の近傍の 助変数表示 を $\alpha : U \to X \subset \mathbf{R}^n$, $\beta : V \to Y \subset \mathbf{R}^m$ とする．必要ならば U を小さくとりなおすことにより，$\beta^{-1} \circ f \circ \alpha : U \to V$ は可微分な写像としてよい．

可換な図式

$$\begin{array}{ccc} W & \xrightarrow{F} & \mathbf{R}^m \\ {\scriptstyle \alpha}\uparrow & & \uparrow{\scriptstyle \beta} \\ U & \xrightarrow[\beta^{-1}\circ f\circ\alpha]{} & V \end{array}$$

の微分をとることにより

$$\begin{array}{ccc} T_xW & \xrightarrow{dF_x} & T_z\mathbf{R}^m \\ {\scriptstyle d\alpha_y}\uparrow & & \uparrow{\scriptstyle d\beta_w} \\ T_yU & \xrightarrow[d(\beta^{-1}\circ f\circ\alpha)_y]{} & T_wV \end{array}$$

が得られる．ここで $\alpha(y)=x$, $\beta(w)=z$. これより df_x の像は T_yY に含まれる．また dF_x は T_xX 上では可換な図式の下を回ることにより f,α,β だけで定義されているので F のとりかたによらない． □

合成写像の微分法則　$f:X\to Y$ と $g:Y\to Z$ を多様体の間の微分可能な写像とすると，合成写像の微分法則

$$d(g\circ f)_x = dg_{f(x)}\circ df_x$$

がなりたつ．

部分多様体　X を m 次元の多様体とし，$n\le m$ なる自然数 n に対し $\mathbf{R}^n\subset\mathbf{R}^m$ を座標の最初の n 成分を占める部分数空間とする．X の部分集合 Y が n 次元の部分多様体であるとは，任意の点 $y\in Y$ に対して，y の X における近傍の助変数表示　$\alpha:U\ (\subset\mathbf{R}^m)\to X$ で，$\mathbf{R}^n$ への制限 $\alpha|_{\mathbf{R}^n\cap U}$ が $y\in Y$ の近傍の助変数表示をあたえるものが存在するときとする．定義により部分多様体は多様体である．

逆関数定理の系として得られる陰関数定理　([杉浦] を参照) はいろいろなところで役に立つが，つぎのように多様体の言葉で述べておくと便利である．証明は助変数表示を用いて数空間の開集合上の場合に帰着すればよいので，演習として残す．

陰関数定理　$m\ge n\ge 0$ を整数，X を m 次元多様体，Y を n 次元多様体，f を X の開集合 W で定義された微分可能な写像 $f:W\to Y$ で，$x\in W$ において $\operatorname{rank} df_x=\dim Y$ であるとする．このとき，x の近傍の助変数表示 $\alpha:U\to X$ と $f(x)\in Y$ の近傍の助変数表示 $\beta:V\to Y$ で

$$\beta^{-1} \circ f \circ \alpha(x_1, \cdots, x_m) = (x_1, \cdots, x_n)$$

となるものが存在する．とくに，ある $y \in Y$ に対し $f^{-1}(y)$ 上の任意の点 x で $\mathrm{rank}\, f_x = \dim Y$ であれば，$f^{-1}(y)$ は X の $m-n$ 次元部分多様体である．

陰関数定理は，ある点 $x \in X$ で $\mathrm{rank}\, df_x$ が行き先の次元分だけあるとき，局所的な座標により写像 f が最初の n 成分からなる部分への射影として表せ，$f(x)$ の逆像が x の近傍で X の部分多様体になることを主張している．

§2. 多様体上の計量

計量線型空間　計量線型空間の復習する．T を $\mathbf{R}$ 上の線型空間とする．$T \times T$ 上で定義された実数値関数 $q(\ ,\ )$ が任意の $u, v, w \in T$，$\lambda \in \mathbf{R}$ に対して

(1)　$q(u+v, w) = q(u, w) + q(v, w)$,

(2)　$q(u, v+w) = q(u, v) + q(u, w)$,

(3)　$q(\lambda u, v) = q(u, \lambda v) = \lambda\, q(u, v)$,

(4)　$q(u, v) = q(v, u)$,

をみたすとき，$q(\ ,\ )$ を T 上の対称双 1 次形式という．また，T 上で定義された実数値関数 $q(\ )$ が任意の $u, v \in T, \lambda \in \mathbf{R}$ に対して

(1)　$q(\lambda v) = \lambda^2 q(v)$,

(2)　$(u, v) = \frac{1}{2}(q(u+v) - q(u) - q(v))$ が T 上の双 1 次形式を定める，

をみたすとき，$q(\ )$ を 2 次形式という．対称双 1 次形式 $q(\ ,\ )$ に対し

$$q(u) = q(u, u)$$

により $q(\ )$ を定めると 2 次形式が得られる．逆に 2 次形式 $q(\ )$ に対し，

逆元を対応させる写像

$$\cdot : G \times G \to G,$$
$$^{-1} : G \to G$$

がともに微分可能のときとする．Lie 群は多様体であり可算基をもつ．Lie 群の準同型とは微分可能な群の準同型，同型とは微分同型な群の同型であるとする．Lie 群の部分群で部分多様体になっているものを Lie 部分群という．

Lie 群の例　(1)　高々可算個の元からなる群に離散位相をあたえたものは Lie 群である．たとえば $\mathbf{Z}$ は足し算に関して Lie 群である．

(2)　$\mathbf{R}, \mathbf{C}$ などの数の集合は足し算に関して Lie 群であり，0 を除けば掛け算に関しても Lie 群である．数空間 $\mathbf{R}^n$ は成分ごとの足し算により Lie 群の構造が入る．これを拡張し $\mathrm{M}_n(\mathbf{R})$ も成分ごとの足し算により Lie 群になっている．

(3)　正則行列の集合をつぎにように表す．

$$\mathrm{GL}(n, \mathbf{R}) = \{A \in \mathrm{M}_n(\mathbf{R}^n) \mid \det A \neq 0\}.$$

$\mathrm{GL}(n, \mathbf{R})$ は $\det AB = \det A \det B$ であることから行列の積に関して閉じており，一般線型群とよばれている．定義式により $\mathrm{GL}(n, \mathbf{R})$ は $\mathrm{M}_n(\mathbf{R}) = \mathbf{R}^{n^2}$ の開集合であり，自然に多様体とみなせる．行列の積が微分可能であることは明かであろう．逆元を対応させる写像も Cramer の公式（[斎藤] を参照）により微分可能である．したがって一般線型群は Lie 群である．

線型空間 T の正則線型変換全体の集合は合成を演算として群になる．この群を

$$\mathrm{GL}(T) = \{B \mid B : T \to T \text{ 正則線形変換}\}$$

と表し，T の一般線型群という．$\mathrm{GL}(T)$ の元は行列ではなく写像であるが，$\mathrm{GL}(T)$ は T の基底を固定することにより行列の一般線型群に表現できる．これにより自然に Lie 群とみなすことができる．

(4)　直交行列の集合を

$$\mathrm{O}(n) = \{A \in M_n(\mathbf{R}) \mid A^t\, A = \mathbf{I}_n\}$$

と表す．$\mathrm{O}(n)$ も同様に行列の積に関して群になり，直交群とよばれている．直交群は $\mathrm{M}_n(\mathbf{R})$ のなかの $n(n-1)/2$ 次元のコンパクト多様体になることが示せる．証明は，定義式が定める $\mathbf{R}^{n^2}$ から $\mathbf{R}^{n(n+1)/2}$ への写像に対し陰関数定理を用いればよいが，詳細は演習とする．演算，逆元をとる操作は一般線型群の操作を制限したものであり微分可能．したがって直交群も Lie 群である．ここでは証明しないが，Lie 群の閉部分群はまた Lie 群になることが知られている（[松島] を参照）．この一般論によれば，直交群が Lie 群であることはただちにしたがう．

T を n 次元線型空間，q を T 上の正則計量とする．このとき，q の値をかえない T の正則線型変換からなる $\mathrm{GL}(T)$ の部分群を

$$\mathrm{O}(q) = \{B \in \mathrm{GL}(T) \mid \text{任意の}\, v \in T\, \text{に対して}\, q(v) = q(B(v))\}$$

で表し，計量 q の直交群とよぶ．前節で直交群の元を q の直交変換とよんだ．符号数が $(n,0)$ または $(0,n)$ の計量の直交群はコンパクト Lie 群である．その他の場合はコンパクトではない Lie 群になる．

(5)　X を Riemann 多様体とする．X の等長変換全体は合成を演算とする群になる．これを $\mathrm{Isom}\, X$ で表し，X の等長群とよぶ．ここでは示さないが，$\mathrm{Isom}\, X$ はある標準的な方法で Lie 群とみなせることが知られている．第 III 章では具体的な例をとり上げる．

変換群　G を Lie 群，X を多様体とする．微分可能な写像

$$\phi : G \times X \to X$$

がつぎの 2 条件をみたすとき，ϕ を G の X への作用という．

(1) 任意の $f,\, g \in G,\, x \in X$ に対して $\phi(f,\, \phi(g,x)) = \phi(f{\cdot}g, x)$,

(2) G の単位元 e と任意の $x \in X$ に対して $\phi(e,x) = x$.

X から自分自身への微分同型全体は合成を演算として群になるが，これを $\mathrm{Diff}\,X$ で表す．Lie 群 G の多様体 X への作用があたえられたとき，任意の元 $f \in G$ に対して

$$\phi_f(x) = \phi(f, x)$$

で定まる写像 $\phi_f : X \to X$ は X の自分自身への微分同型になる．ϕ_f を f が定める X の変換という．対応

$$f \to \phi_f$$

で定まる写像をまた $\phi : G \to \mathrm{Diff}\,X$ で表すと，作用の定義により ϕ は群の準同型である．f の像である $\phi(f)$ は $\mathrm{Diff}\,X$ の元であることよりも写像であることを強調するため ϕ_f という記号を用いる．さらに ϕ も省略して $\phi_f(x) = f(x)$ とし f そのものを $\mathrm{Diff}\,X$ の元の記号として用いることもある．

作用 $\phi : G \times X \to X$ が指定された Lie 群 G と多様体 X の組を，ϕ を記さず (G, X) で表し，可微分変換群，または縮めて変換群とよぶ．ただし前後に ϕ の解説をあたえる．

同変　変換群 (G, X)，(H, Y) が同変である，または本質的に同じとは，Lie 群の同型 $\psi : G \to H$ と多様体の微分同型 $\varphi : X \to Y$ の組

$$(\psi, \varphi) : (G, X) \to (H, Y)$$

で，任意の $f \in G$ に対し，図式

$$\begin{array}{ccc} X & \xrightarrow{\varphi} & Y \\ f\downarrow & & \downarrow\psi(f) \\ X & \xrightarrow{\varphi} & Y \end{array}$$

が可換になるものが存在するときとする．同変な変換群を

$$(G, X) \cong (H, Y)$$

で表す．

X を多様体，(G,Y) を変換群，$\varphi : X \to Y$ を微分同型とする．このとき $f \in G$ に対し

$$\phi(f) = \varphi^{-1} \circ f \circ \varphi$$

とすると，$\phi : G \to \mathrm{Diff}\, X$ は準同型を定め，変換群 (G,X) が得られる．この作用を φ が誘導する作用という．(G,X) は組 $(1_G, \varphi)$ により (G,Y) と同変である．

部分群 $G, H \subset \mathrm{Diff}\, X$ がともに Lie 群であり，$h \in \mathrm{Diff}\, X$ により $G = h^{-1}Hh$ と表されるとする．このとき $g \in G$ に対して $h \cdot g \cdot h^{-1}$ を対応させる写像

$$\iota_h : G \to H$$

は Lie 群の同型で，組 (ι_h, h) は (G,X) から (H,X) への同変対応をあたえる．この対応を h が誘導する同変対応という．

軌道　(G,X) を変換群とし，点 $x \in X$ を固定する．G の元により x と移り合える点の集合

$$\{f(x) \in X \mid f \in G\}$$

を x の軌道という．X は軌道の和に分割される．軌道の集合に商位相をあたえた空間を $G\backslash X$ と表し，軌道空間とよぶ．

補題：同変ならば軌道空間は同相　(G,X)，(H,Y) を同変な変換群とし，$\varphi : X \to Y$ を同変対応をあたえる位相同型とする．このとき φ は位相同型 $G\backslash X \approx H\backslash Y$ を誘導する．とくに G, H が $\mathrm{Diff}\, X$ のなかで共役な群であれば，$G\backslash X \approx H\backslash Y$.

証明．[ ] を軌道を表す記号とする．このとき $\bar{\varphi} : G\backslash X \to H\backslash Y$ を

$$\bar{\varphi}([x]) = [\varphi(x)]$$

により定めれば，$\bar{\varphi}$ は well-defined な連続写像になる．φ^{-1} が位相同型だから $\bar{\varphi}^{-1}$ が $\bar{\varphi}$ の連続逆写像であり，$\bar{\varphi}$ は位相同型となる．　□

変換群の用語 変換群 (G, X) の作用が定める準同型 $\phi : G \to \mathrm{Diff}\, X$ が単射のとき，作用は効果的であるという．X の任意の 2 点 x, y に対し，ある元 $g \in G$ で $g(x) = y$ となるものが存在するとき，作用は推移的であるという．推移性は，ある 1 点が任意の点と G の元が定める変換で結べると定義しても同じである．

X の部分集合 Y が任意の $g \in G$ に対して $g(Y) = Y$ であるとき，Y は G の作用で不変であるという．G の元 g で固定される点集合を $g \in G$ の固定点集合とよび

$$\mathrm{Fix}\, g = \{x \in X \mid g(x) = x\}$$

で表す．これらの共通部分を G の固定点集合とよび

$$\mathrm{Fix}\, G = \bigcap_{g \in G} \mathrm{Fix}\, g$$

で表す．X の点 x に対し，x を固定する G の元からなる部分群を

$$G_x = \{g \in G : g(x) = x\}$$

と表し，x における等方部分群とよぶ．等方部分群は G の閉部分群である．

補題：推移的変換群の等方部分群は共役 推移的に作用する変換群 (G, X) の各点における等方部分群は，G のなかでたがいに共役である．

証明．X の勝手な 2 点を x, y とする．G の作用は推移的であり $f(x) = y$ をみたす $f \in G$ が存在する．このとき，任意の $g \in G_x$ に対して $f \cdot g \cdot f^{-1}$ は G_y の元である．他方，任意の $h \in G_y$ に対して $f^{-1} \cdot h \cdot f$ は G_x の元であり $G_x = f^{-1} G_y f$ となる． □

変換群の例 (1) G を Lie 群とする．このとき，組 (G, G) は G の演算

$$\cdot : G \times G \to G$$

が定める作用により変換群になる．たとえば数ベクトル $u, v \in \mathbf{R}^n$ に対して

$\phi(u,v)=\phi_v(u)=u+v$ とすれば，$(\mathbf{R}^n,\mathbf{R}^n)$ は左の Lie 群 $\mathbf{R}^n$ が右の多様体 $\mathbf{R}^n$ に平行移動として作用する変換群である．(G,G) の作用は推移的で，各点の等方部分群は単位元だけからなる．

(2)　線型空間 T の正則線型変換 $A\in\mathrm{GL}(T)$ をあたえると，$\phi_A(v)=A(v)$ により T の微分同型が定まる．これにより $\phi:\mathrm{GL}(T)\times T\to T$ を

$$\phi(T,v)=\phi_T(v)=A(v)$$

とすれば，$(\mathrm{GL}(T),T)$ は変換群になる．この作用は効果的であるが，T の原点が任意の変換で固定され推移的ではない．軌道空間 $\mathrm{GL}(T)\backslash T$ は 2 点からなる Hausdorff ではない空間になる．

(3)　任意の $\mathrm{GL}(T)$ の Lie 部分群 H に対して ϕ を H に制限することにより (H,T) は変換群になる．$\mathrm{GL}(T)$ の部分群はたくさんあり，いろいろな変換群をつくる．たとえば q を T 上の正則計量とする．このとき T と q の直交群 $\mathrm{O}(q)$ の組 $(\mathrm{O}(q),T)$ は変換群である．

q_1, q_2 を T 上の符号数が同じ正則計量とする．一般に，$\mathrm{O}(q_1)$ と $\mathrm{O}(q_2)$ は $\mathrm{GL}(T)$ の部分群としては一致しない．しかし Sylvester の慣性法則により正則線型変換 $A\in\mathrm{GL}(T)$ で任意の $v\in T$ に対して等式 $q_1(A(v))=q_2(v)$ をなりたたせるものを求めることができる．そこで $A\in\mathrm{GL}(T)$ を $\mathrm{Diff}\,T$ の元とみなすと，A は同変対応 $(\iota_A,A):(\mathrm{O}(q_1),T)\cong(\mathrm{O}(q_2),T)$ を誘導する．

(4)　Y を Riemann 多様体とし，(G,Y) を G の各元が Y に等長変換として作用する変換群とする．さらに X を多様体，$\varphi:X\to Y$ を微分同型とする．X を誘導 Riemann 計量により Riemann 多様体とみなし，φ が誘導する G の作用により変換群 (G,X) が得られる．このとき，任意の $x\in X$, $u\in T_xX$, $f\in G$ に対して

$$\begin{aligned}q_X(df_xu)&=q_X(d\varphi^{-1}_{f(\varphi(x))}((df_{\varphi(x)}\circ d\varphi_x)u))\\&=q_Y(df_{\varphi(x)}(d\varphi_xu))\\&=q_Y(d\varphi_xu)\end{aligned}$$

$$= q_X(u)$$

であるから f は X の等長変換である．したがって G の各元は X に等長変換として作用する．

(5)　Lie 群 G の部分群 Γ が離散的とは，Γ が G の部分空間として離散的であるときとする．離散的な部分群を離散部分群とよぶ．部分群の離散性は，一般の場合よりはるかに弱い単位元の孤立性だけで確かめられる．実際，単位元を他の Γ の元から分離する近傍 U があれば，任意の $\gamma \in \Gamma$ に対し，γU は γ 以外の Γ の元を含まない．離散部分群は Lie 群である．

さて，変換群 (G, X) と G の離散部分群 Γ に対し，群の制限により変換群 (Γ, X) が得られる．たとえば (1) の $(\mathbf{R}^n, \mathbf{R}^n)$ において，離散部分群 $\mathbf{Z}^n \subset \mathbf{R}^n$ をとり $(\mathbf{Z}^n, \mathbf{R}^n)$ とすれば，$\mathbf{Z}^n$ の $\mathbf{R}^n$ の整数点を不変にする作用が得られる．軌道空間 $\mathbf{Z}^n \backslash \mathbf{R}^n$ は n 次元トーラスとよばれる可換 Lie 群である．離散部分群は第 IV 章以降で何度も見るように，非常に数多くあり，いろいろな数学が交錯する興味深い対象である．

§4. 幾 何 学

幾何学　変換群 (G, X) は，X のある 1 点 x で任意の $f, g \in G$ に対し $f(x) = g(x)$ かつ $df_x = dg_x$ であれば $f = g$ となるとき，解析的であるという．解析的であれば，恒等変換を導く G の元は単位元にかぎるので，作用は効果的である．変換群 (G, X) は，X が孤状連結であり G の作用が推移的で解析的のとき，幾何学という．この節では幾何学のもつ等質性などについてまとめる．

最初に多様体論の基本的な結果である Sard-Brown の定理を引用する．証明は [Milnor，足立] を参照してほしい．

Sard-Brown の定理　X, Y を多様体，$f : X \to Y$ を微分可能な写像とし，

$$C = \{x \in X \mid \operatorname{rank} df_x < \dim Y\}$$

とおく．このとき $Y - f(C)$ は Y の稠密部分集合である．

以下 3 つの補題では，(G, X) を幾何学，点 $x \in X$ を固定し，$f \in G$ に $f(x) \in X$ を対応させる写像を

$$\rho : G \to X$$

で表す．ρ は作用の定義により微分可能である．

補題：ρ はしずめ込み　任意の $f \in G$ に対し $\operatorname{rank} d\rho_f = \dim X$（このような階数の条件をみたす写像をしずめ込みという）．とくに各点の等方部分群 G_x は G の Lie 部分群である．

証明．$f \in G$ を任意に固定すると，G 上の写像として

$$\rho(f\cdot\ ) = f(\rho(\ ))$$

がなりたつ．ただし左辺の f は G の微分同型であり，右辺の f は X の微分同型である．両写像の単位元 e における微分をとると

$$d\rho_f \circ df_e = df_x \circ d\rho_e.$$

ここで $\operatorname{rank} df_e = \dim G$, $\operatorname{rank} df_x = \dim X$ だから $\operatorname{rank} d\rho_f = \operatorname{rank} d\rho_e$.

もし $\operatorname{rank} \rho_f = \operatorname{rank} d\rho_e < \dim X$ とすると，Sard-Brown の定理により $\rho(G)$ は X を覆えない．これは作用の推移性に反する．したがって $\operatorname{rank} d\rho_f = \dim X$．$G_x = \rho^{-1}(x)$ であるから，ρ に対する陰関数定理により G_x は G の部分多様体となり，Lie 部分群になる．　□

補題：ρ は局所切断をもつ　任意の $y \in X$ に対して，y の近傍 W と W で定義された微分可能な写像 $s : W \to G$ で $\rho \circ s = 1_W$ をみたすものが存在する（このような s を局所切断という）．

証明．$\rho^{-1}(y)$ の元 $f \in G$ を任意にとる．このとき $\operatorname{rank} \rho_f = \dim X$ だから，ρ は陰関数定理により，$y \in X$ と $f \in \rho^{-1}(y) \subset G$ の近傍の助変数表示 $\alpha : V \to X$, $\beta : U \to G$ で，

$$\alpha^{-1} \circ \rho \circ \beta(x_1, \cdots, x_m) = (x_1, \cdots, x_n)$$

をみたすものが存在する．ここで $n = \dim X, m = \dim G$ であり，$\beta^{-1}(f) = 0$ と仮定している．$(\alpha^{-1} \circ \rho \circ \beta)^{-1}(0)$ の法方向の小さな円板を

$$D = \{x \in \mathbf{R}^m \mid x_1 = \cdots = x_n = 0\} \cap U$$

とすると，$\alpha^{-1} \circ \rho \circ \beta|_D$ は像への微分同型である．そこで $W = \rho(\alpha(D))$ とおき $s = (\rho|_{\alpha(D)})^{-1}$ とすればよい． □

補題：ρ は局所自明　任意の $y \in X$ に対して，y の近傍 W と微分同型 $\xi : W \times G_x \to \rho^{-1}(W)$ で，$\rho \circ \xi$ が W への射影になるものが存在する（この性質を局所自明性という）．

証明．前の補題による y の近傍と局所切断をまた W, s とする．このとき $\xi : W \times G_x \to \rho^{-1}(W)$ を

$$\xi(z, f) = s(z) \cdot f$$

と定めると，ξ は局所切断 s と G の演算が微分可能であることから微分同型であり，

$$\rho \circ \xi(z, f) = \rho(s(z) \cdot f) = (s(z))(x) = \rho(s(z)) = z$$

となる． □

つぎの命題は，幾何学の台空間になる多様体 X は Lie 群の閉部分群による剰余空間（剰余類の集合に商位相をあたえた空間）と位相同型になることを示す．結果が位相的な主張に留まっているのは，Lie 群の剰余空間を可微分多様体としてみなす方法を解説していないためであり，本質的な制限ではない．

命題：$G/G_x \approx X$ 　(G, X) を幾何学とし，点 $x \in X$ を固定する．このとき剰余空間 G/G_x は X に位相同型である．

証明．証明には幾何学の推移性のみをつかう．剰余空間の定義から $\rho : G \to X$ は連続写像 $\bar{\rho} : G/G_x \to X$ を誘導する．これが全単射であることは $\rho, \bar{\rho}$ と射影 $p : G \to G/G_x$ からなるつぎの図式

$$\begin{array}{ccc} G & \xrightarrow{1_G} & G \\ {\scriptstyle p}\downarrow & & \downarrow{\scriptstyle \rho} \\ G/G_x & \xrightarrow[\bar{\rho}]{} & X \end{array}$$

を見て各空間の位相の定義に戻ればただちに確かめられる．また ρ はしずめ込みであり局所的に射影とみなせるので，点 $f \in G$ の小さな近傍 U の ρ による像は $\rho(f)$ を内点としてもつ．ゆえに ρ は開写像であり，$\bar{\rho}$ も開写像である．　□

不変 Riemann 計量 　(G, X) を幾何学とし，点 $x \in X$ を固定する．G_x の元に対し，それが定める X の変換の x における微分を対応させる写像を

$$D_x : G_x \to \mathrm{GL}(T_x X)$$

で表し，接表現とよぶ．作用の解析性より接表現は単射である．D_x により幾何学の各点の等方部分群は，一般線型群に表現される．

X の Riemann 計量は，G の各元が等長変換を定めるとき G- 不変 Riemann 計量という．幾何学の重要な例の多くは G- 不変 Riemann 計量を許容する．この場合，等方部分群 G_x は $T_x X$ の計量に関する直交群 $\mathrm{O}(q_x)$ に表現される．

つぎの補題は基本的である．

補題：等方部分群がコンパクトならば不変 Riemann 計量が存在 　幾何学

(G, X) に対し，G の各点の等方部分群がコンパクトであれば，X は G - 不変 Riemann 計量を許容する．

等方部分群が有限群のときの証明．点 $x \in X$ を固定し，G_x が有限群であると仮定する．T_xX 上の勝手な内積をとり，q' とする．任意の $u, v \in T_xX$ に対し G_x 作用による平均

$$q_x(u, v) = \frac{1}{\# G_x} \sum_{g \in G_x} q'(dg_x u, dg_x v)$$

により T_xX 上の関数を定めると，q_x は内積になる．さらに任意の $g \in G_x$ に対して

$$q_x(u, v) = q_x(dg_x u, dg_x v)$$

がなりたつ．

q_x を X 全体に広げる．任意の $y \in X$ に対して射影 $\rho : G \to X$ の局所切断 $s : W \to G$ をとる．点 $z \in W$ に対して，$f = s(z)$ とすれば $\rho(f) = z$ であり，任意の $u, v \in T_zX$ に対して

$$q_z(u, v) = q_x(df_z^{-1} u, df_z^{-1} v)$$

により T_zX の内積が定まる．この対応は切断 s が微分可能であるから微分可能で，W 上の Riemann 計量が得られる．

一方，別の y の近傍 W' と局所切断 s' を用いて q'_y を定義し $f = s(y)$, $f' = s'(y)$ とおくと，$f(x) = f'(x) = y$ となり $h = f^{-1} \cdot f'$ は G_x の元である．q_x は G_x- 不変だから

$$\begin{aligned} q_y(u) &= q_x(df_y^{-1} u, df_y^{-1} v) \\ &= q_x(dh_x \circ {df'}_y^{-1} u, dh_x \circ {df'}_y^{-1} v) \\ &= q_x({df'}_y^{-1} u, {df'}_y^{-1} v) \\ &= q'_y(u) \end{aligned}$$

となり，q_y は局所切断のとりかたによらない．したがって X 上の G-不変 Riemann 計量が得られた．　□

G_x が一般のコンパクト群の場合は、q' の平均を G-不変体積要素に関する G_x 上の不変積分におき換えることにより，同じ方法で G-不変 Riemann 計量が構成できる．詳細は [松島] を参照してほしい．

§5. 不 連 続 群

固有不連続性と離散性　(G, X) を幾何学とする．G の部分群 Γ の X への作用は，X の任意のコンパクト集合 K に対して

$$\#\{\gamma \in \Gamma \mid K \cap \gamma K \neq \emptyset\} < \infty$$

のとき，固有不連続であるという．固有不連続に作用する G の部分群を不連続群とよぶ．不連続性は X の任意の点の軌道が X で離散的であることを意味する．

補題：同変近傍が存在　Γ を G の不連続群とする．

(1) 任意の $x \in X$ に対して，$\Gamma_x = \{\gamma \in \Gamma \mid \gamma(x) = x\}$ は有限群．

(2) 任意の $x \in X$ に対して，x の近傍 U として

$$U \cup \gamma U = \begin{cases} U, & \gamma \in \Gamma_x \text{ のとき} \\ \emptyset, & \gamma \notin \Gamma_x \text{ のとき} \end{cases}$$

となるものが存在する．

(3) 軌道空間 $\Gamma \backslash X$ は Hausdorff である．

証明．(1)　定義のコンパクト集合 K として点 x をとればよい．

(2)　X は Hausdorff 空間で Γ の作用が固有不連続であるから，閉包がコンパクトとなる x の近傍 W で，$\overline{W}$ と x の軌道との交わりは点 x だけであるものが存在する．このとき

$$V = W - \bigcup_{\gamma \notin \Gamma_x} \gamma \overline{W}$$

とおけば，任意の $\gamma \notin \Gamma$ に対して，$V \cap \gamma V = \emptyset$ である．さらに

$$U = \bigcap_{\gamma \in \Gamma_x} \gamma V$$

とすれば，U は x の近傍で条件をみたす．

(3) $\bar{y} \in \Gamma \backslash X$ を $\bar{x}$ とは異なる点とし，その代表点を $y \in X$ とする．(2) で構成した x の近傍 U のなかに含まれる y の軌道の数は，U の閉包がコンパクトだから不連続性から有限個．そこで U からこれらの軌道の小さな近傍の閉包を除いた開集合 U' は，x の近傍で任意の $\gamma \in \Gamma$ に対し $\gamma U'$ の閉包は y を含まない．したがって $\cup_{\gamma \in \Gamma} \gamma U'$ の補空間に y の近傍をとることができる．U とこの近傍の $\Gamma \backslash X$ への像は $\bar{x}, \bar{y}$ を分離する開集合である．□

部分群の不連続性と離散性は，等方部分群がコンパクトのときうまく結びつく．

補題：離散部分群 ⇔ 不連続群 (G, X) を幾何学，さらに各点の等方部分群がコンパクトであるとする．このとき G の部分群 Γ が離散群であることと不連続群であることは同値．

証明．点 $x \in X$ を固定し，K を X のコンパクト集合とし，

$$L = \{g \in G \mid g(x) \in K\}$$

とおく．$f \in G$ に $f(x) \in X$ を対応させる射影を $\rho : G \to X$ とすると $L = \rho^{-1}(K)$ であり，各 G_x は仮定によりコンパクトだから，ρ の局所自明性から L は有限個のコンパクト集合の和として表せる．とくに L 自身も G のコンパクト部分集合である．

まず

$$\{\gamma \in \Gamma \mid \gamma K \cap K \neq \emptyset\} = \Gamma \cap L \cdot L^{-1}$$

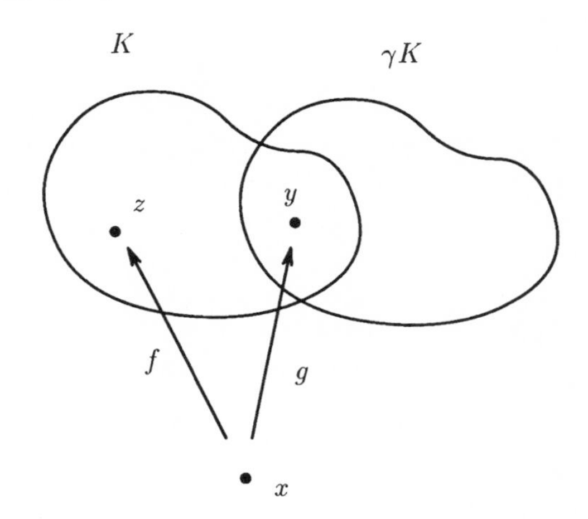

であることを示す．包含関係 $\subset$ を確かめるため $\gamma K \cap K$ の点 y をとる．$z = \gamma^{-1} y$ は K の元だから，$f \in L$ で $f(y) = z$ となる元が存在する．一方 y も K の点だから $g \in L$ で $g(x) = y$ となる点が存在する．これより $(g{\cdot}f^{-1})(z) = \gamma z$ がなりたち，$\gamma \in (g{\cdot}f^{-1})G_y$．ところが $f^{-1}G_y \subset L^{-1}$ であり $\{\gamma \in \Gamma \,|\, \gamma K \cap K \neq \emptyset\} \subset \Gamma \cap L{\cdot}L^{-1}$．逆の包含関係はやさしい．$\Gamma \cap L{\cdot}L^{-1}$ から元 $\gamma = g{\cdot}f^{-1}$ を選ぶ．このとき $(\gamma \cdot f)(x) = g(x)$ であるから $\gamma K \cap K \neq \emptyset$．したがって $\{\gamma \in \Gamma \,|\, \gamma K \cap K \neq \emptyset\} \supset \Gamma \cap L \cdot L^{-1}$．

さて L はコンパクトであった．$L{\cdot}L^{-1}$ は，$L \times L^{-1}$ の演算が定める連続写像 による像とみなせる．$L \times L^{-1}$ はコンパクトだから $L{\cdot}L^{-1}$ もコンパクト．そこで上に示した等式の両辺を比較する．Γ が離散的であったとする．$L{\cdot}L^{-1}$ はコンパクトだから $\Gamma \cap L{\cdot}L^{-1}$ は有限集合．したがって左辺も有限集合になり Γ の作用は固有不連続．逆に，Γ の作用が固有不連続であったとする．このとき，コンパクト集合 K に対して $\{\gamma \in \Gamma \,|\, \gamma K \cap K \neq \emptyset\}$ は有限．$L{\cdot}L^{-1}$ は単位元の近傍を含んでいるので，Γ の単位元は孤立点．したがって全体で離散的である．　□

軌道空間の特異点　(G, X) を幾何学，Γ を G の不連続群とする．不連続群による軌道空間 $\Gamma\backslash X$ は幾何学のいろいろな場面に現われる．$\Gamma\backslash X$ は多様体に近い空間であるが，Γ_x が自明でない点のまわりでは特異になる．しかし Γ_x は有限群であり，局所的には Euclid 空間の直交群の有限部分群の作用による軌道空間が特異点の形状を表す．ここでは 2 次元の場合について状況を見ることにする．

直交群 $\mathrm{O}(n)$ のなかで，行列式の値が 1 になる行列がなす部分群を特殊直交群とよび，$\mathrm{SO}(n)$ と表す．$\mathrm{SO}(n)$ は $\mathrm{O}(n)$ の指数 2 の正規部分群である．2 次元の場合，$\mathrm{SO}(2)$ は $\mathbf{E}^2$ に原点中心の回転として作用する．角度 θ の回転に対応する行列を

$$Q_\theta = \begin{pmatrix} \cos\theta & -\sin\theta \\ \sin\theta & \cos\theta \end{pmatrix}$$

とし，$\mathrm{O}(2)$ の元で x_1 軸に関する対称変換に対応する行列を

$$R_0 = (1) \oplus (-1)$$

で表す．$\mathrm{O}(2)$ の有限部分群には

(1) 単位元のみからなる自明な群,

(2) R_0 で生成される位数 2 の群,

(3) 整数 $k \geq 2$ に対して $Q_{2\pi/k}$ で生成される位数 k の巡回群,

(4) 整数 $k \geq 2$ に対して $Q_{2\pi/k}$ と R_0 で生成される位数 $2k$ の群,

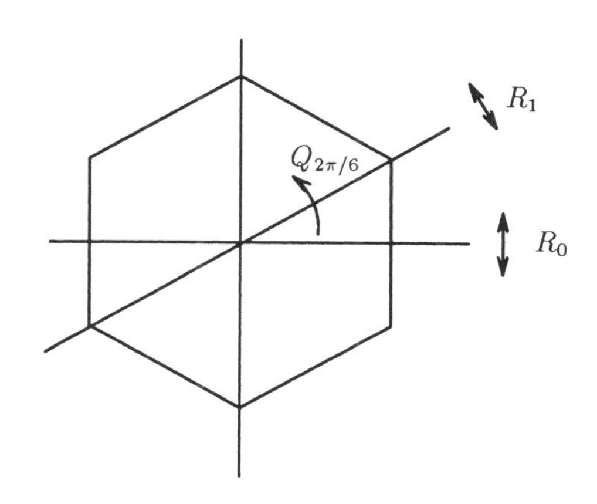

などがある．(4) の群の $\mathbf{E}^2$ への作用は原点を重心とする正 k 角形を不変にする等長変換からなる群で，位数 $2k$ の 2 面体群とよばれている．

$$R_1 = Q_{2\pi/k} R_0$$

は x_1 軸と π/k で交わる直線に関する対称変換である．また 2 つの対称変換 R_0, R_1 は 2 面体群を生成する．

つぎの補題は演習とする．

補題：O(2) の有限部分群の分類　O(2) の有限部分群は上のいずれかに共役である．

以下は $\Gamma\backslash X$ の x のまわりの状況図である．(1) の場合 x のまわりは非特異，(2) の場合 x は鏡面に載っている．(3) の場合 x は錐の頂点にあり，(4) の場合 x は平面図形の頂点にある．

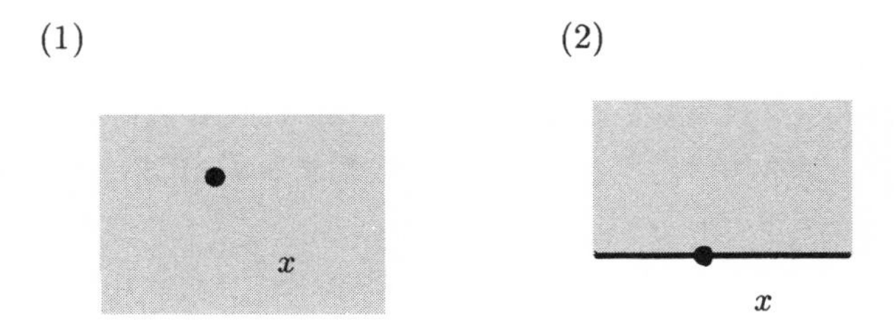

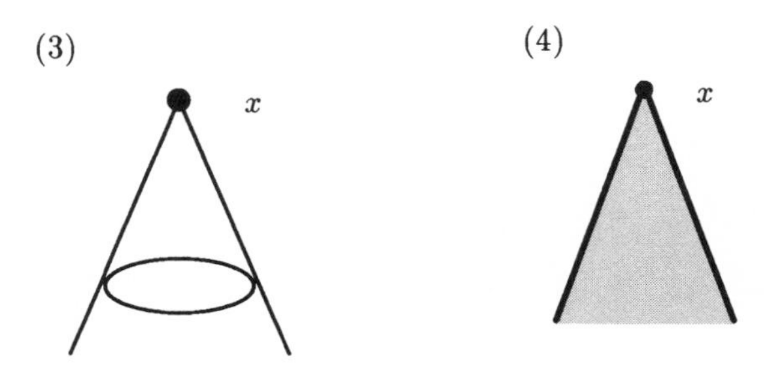

（蛇足）局所的に Euclid 空間の直交変換の有限部分群の作用による軌道空間と位相同型になる空間の研究が盛んになっている．このような空間は作用の構造を込めて V-manifold あるいは orbifold とよばれ，[Satake, Thurston 1] などに現われた．[Thurston 1] には，— 幾何学的意味から折れ曲がりがたくさんあるという名前をつけるべきだが，many fold をつけた manifold はすでに幾何学の重要な空間を表す用語として定着してしまった．そこで苦し紛れに考えたいくつかの単語のなかから講義の聴衆の投票により決めた — という orbifold 命名の由来が脚注にある．manifold は多様体という訳語が定着している．orbifold の訳語として軌道体を採用した本があるが，命名の不合理をそのまま受け継いでいるようでおもしろい．

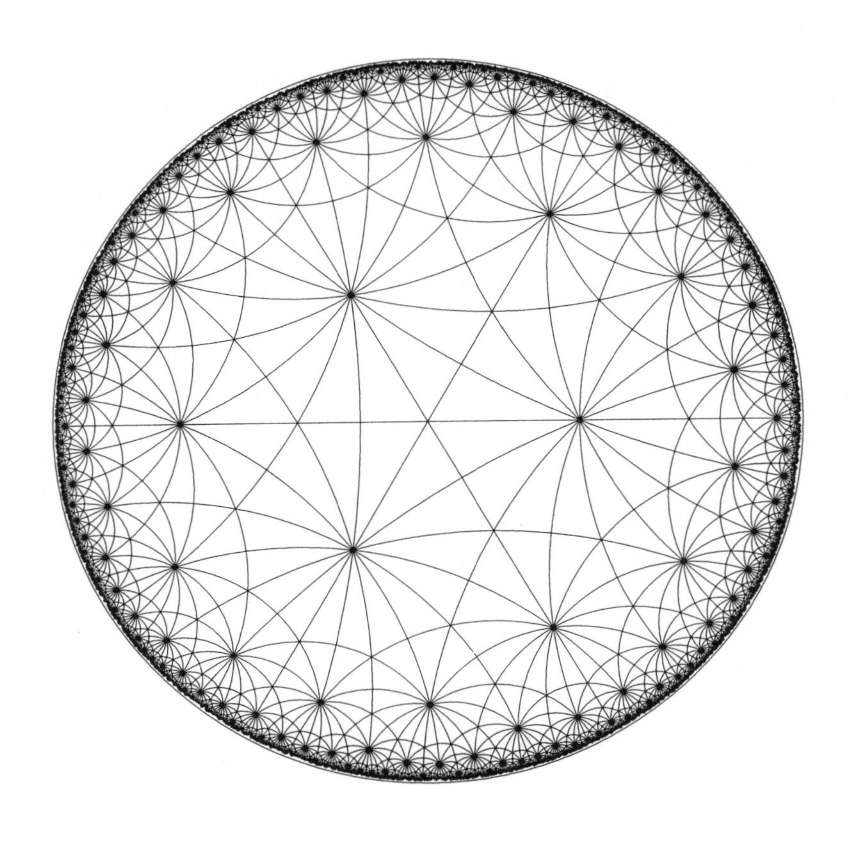

第 III 章

定曲率幾何学

幾何学 (G, X) は，不変 Riemann 計量 $q : x \to q_x$ をもち，さらに任意の $x \in X$ における接表現 $D_x : G_x \to \mathrm{GL}(T_xX)$ が T_xX の直交変換 $\mathrm{O}(q_x)$ への全単射となるとき，定曲率であるという．次元分の対称性は，接表現が定める変換群 (G_x, T_xX) が $(\mathrm{O}(n), \mathbf{R}^n)$ と同変であることを意味する．ただし $n = \dim X$．この章では，定曲率幾何学の代表例である Euclid 幾何学，球面幾何学，双曲幾何学を解説する．定曲率という名称にはもちろん由来があり，興味をもつ読者は [Wolf] などを参照するとよい．そこには定曲率幾何学が本質的にはこの 3 通りであることも述べられている．

§1. Euclid 幾何学

Euclid 空間　これから $\mathbf{R}^n$ は，標準的基底による成分表示に関し

$$q_n(x, y) = x_1y_1 + \cdots + x_ny_n = x^t\,\mathbf{I}_n\,y$$

で定義される計量 q_n を付随させた計量線型空間を表すものとする．$\mathbf{R}^n$ の各点の接空間 $T_x\mathbf{R}^n$ を $\mathbf{R}^n$ と自然に同一視し，Riemann 計量を

$$q_{\mathbf{E}^n} : x \to q_x = q_n$$

により定めた Riemann 多様体を Euclid 空間といい，$\mathbf{E}^n$ で表す．$q_{\mathbf{E}^n}$ を

Euclid 計量 とよぶ.

通常の意味の回転や平行移動は Euclid 空間の等長変換である．このことを確かめるため，回転と平行移動の合成による変換 $f: \mathbf{E}^n \to \mathbf{E}^n$ を，直交行列 $A \in \mathrm{O}(n)$ および定ベクトル $c \in \mathbf{R}^n$ で $f(x) = Ax + c$ と表す．f の微分

$$df_x : T_x\mathbf{E}^n = \mathbf{R}^n \to T_{f(x)}\mathbf{E}^n = \mathbf{R}^n$$

は $\mathbf{R}^n$ の標準的基底を用いると，直交行列 A で表される．したがって

$$\begin{aligned} q_n(df_x u,\, df_x v) &= u^t\, A^t\, \mathbf{I}_n\, A\, v \\ &= q_n(u, v). \end{aligned}$$

直交行列と定ベクトルを用い $f(x) = Ax + c$ という形で表せる $\mathbf{E}^n$ の等長変換全体は，たとえば $f'(x) = A'x + c'$ とすると，

$$(f \circ f')(x) = AA'\, x + (Ac' + c)$$

でまた直交行列 AA' と定ベクトル $Ac' + c$ により同じように表されるので，合成について閉じている．A または c が異なるとき，変換としても異なる．そこで直積 $\mathrm{O}(n) \times \mathbf{R}^n$ で表される空間を多様体とみなし，$\mathrm{O}(n) \times \mathbf{R}^n$ 上の捩れた演算「$\cdot$」を

$$(A, c) \cdot (A', c') = (AA', (Ac' + c))$$

により定め，群とする．演算は微分可能であり，Lie 群になる．群の半直積を表す記法を用い，この群を $\mathrm{O}(n) \ltimes \mathbf{R}^n$ と表す．半直積の詳細については，たとえば [森田] を参照してほしい．

$(\mathrm{O}(n) \ltimes \mathbf{R}^n) \times \mathbf{E}^n$ の元 $((A, c), x)$ に対し $A\,x + c$ を対応させる写像

$$\phi : (\mathrm{O}(n) \ltimes \mathbf{R}^n) \times \mathbf{E}^n \to \mathbf{E}^n$$

は変換群 $(\mathrm{O}(n) \ltimes \mathbf{R}^n, \mathbf{E}^n)$ を定める．対応

$$(A, c) \to \phi(A, c)$$

により定まる準同型 $\phi: \mathrm{O}(n) \ltimes \mathbf{R}^n \to \mathrm{Diff}\,\mathbf{E}^n$ は単射であるが，より強く $\mathrm{Isom}\,\mathbf{E}^n$ を $\mathbf{E}^n$ の等長群とすると，

補題： $\mathrm{O}(n) \ltimes \mathbf{R}^n \simeq \mathrm{Isom}\,\mathbf{E}^n$　ϕ は $\mathrm{Isom}\,\mathbf{E}^n$ への同型，

$$\phi: \mathrm{O}(n) \ltimes \mathbf{R}^n \simeq \mathrm{Isom}\,\mathbf{E}^n$$

である．

証明．全射であることを示せば十分．$f: \mathbf{E}^n \to \mathbf{E}^n$ を等長変換とする．f の x での微分 df_x は，$\mathbf{R}^n$ の標準的基底に関して直交行列

$$A(x) = \left(\frac{\partial f_i}{\partial x_j}(x)\right)$$

で表され，

$$A(x)^t\,A(x) = \mathbf{I}_n \tag{1}$$

がなりたつ．この両辺を x_k で偏微分し

$$\frac{\partial}{\partial x_k}A(x)^t\,A(x) + A(x)^t\,\frac{\partial}{\partial x_k}A(x) = 0.$$

左辺の行列の ij 成分を a_{ikj} とおくと

$$a_{ikj} = \sum_s \left(\frac{\partial^2 f_s}{\partial x_k \partial x_i}\frac{\partial f_s}{\partial x_j} + \frac{\partial f_s}{\partial x_i}\frac{\partial^2 f_s}{\partial x_k \partial x_j}\right)$$

となる．したがって添え字を巡回させることにより

$$0 = a_{ikj} + a_{kji} - a_{jik} = \sum_s \frac{\partial f_s}{\partial x_i}\frac{\partial^2 f_s}{\partial x_j \partial x_k}$$

が得られる．右辺を行列で表示すると，任意の k について

$$A(x)^t\,\frac{\partial}{\partial x_k}A(x) = 0$$

となり，$A(x)$ は任意の x で直交行列であったから

$$\frac{\partial}{\partial x_k}A(x)=0$$

が得られる．これは f のすべての 2 階の偏微分が恒等的に 0 であることを示すので，f は座標の 1 次関数である．したがって f は x によらない定行列 A と定ベクトル c により $f(x)=Ax+c$ と表される．　□

Euclid 部分空間　すべてが 0 ではない実数 $a_0,\cdots,a_n$ により，座標の 1 次式の零点集合

$$\{x\in\mathbf{E}^n\,|\,a_0+a_1x_1+\cdots+a_nx_n=0\}$$

として表される Euclid 空間 $\mathbf{E}^n$ の部分空間を超平面という．有限個の超平面の共通部分に，Euclid 計量の制限による Riemann 計量をあたえた部分多様体を Euclid 部分空間という．Euclid 部分空間を定義する独立な 1 次式の数が k 個のとき，その空間は余次元 k または次元 $n-k$ であるという．超平面は余次元 1 の Euclid 部分空間である．次元 1 の Euclid 部分空間は通常の意味の直線であり，直線とよぶ．次元 0 の Euclid 部分空間は点である．

補題：$\mathrm{O}(n)\ltimes\mathbf{R}^n$ は Euclid 部分空間に推移的に作用　E,E' を $\mathbf{E}^n$ の k 次元 Euclid 部分空間とすると，$\mathrm{O}(n)\ltimes\mathbf{R}^n$ の元 f で $f(E')=E$ となるものが存在する．とくに $\mathrm{O}(n)\ltimes\mathbf{R}^n$ の $\mathbf{E}^n$ への作用は推移的．また，任意の k 次元 Euclid 部分空間は $\mathbf{E}^k$ と等長微分同型である．

証明．E,E' に原点 $\mathbf{O}_E,\mathbf{O}_{E'}$ を定め $(\mathbf{e}_1,\cdots,\mathbf{e}_k)$，$(\mathbf{e}'_1,\cdots,\mathbf{e}'_k)$ をそれぞれの正規直交基底とすれば，これらは Schmidt の直交化により $T_{\mathbf{O}_E}\mathbf{E}^n=\mathbf{R}^n$ および $T_{\mathbf{O}'_E}\mathbf{E}^n=\mathbf{R}^n$ の基底 $(\mathbf{e}_1,\cdots,\mathbf{e}_n)$，$(\mathbf{e}'_1,\cdots,\mathbf{e}'_n)$ に延長する．このとき

$$A=(\mathbf{e}_1,\cdots,\mathbf{e}_n)(\mathbf{e}'_1,\cdots,\mathbf{e}'_n)^{-1}$$

は直交行列で，$f(x)=Ax+(\mathbf{O}_E-\mathbf{O}_{E'})$ とおけば $f(E')=E$ である．後半の主張は，$\mathbf{E}^k=\mathbf{E}^n\cap\{x_{k+1}=\cdots=x_n=0\}$ であることと，部分空間への

作用の推移性からしたがう． □

Euclid 幾何学 変換群 $(\mathrm{O}(n) \ltimes \mathbf{R}^n, \mathbf{E}^n)$ を Euclid 幾何学という．

つぎの命題は Euclid 幾何学が実際第 II 章で定義した幾何学になり，さらに次元分の対称性をもつことを示す．

命題：$(\mathrm{O}(n) \ltimes \mathbf{R}^n, \mathbf{E}^n)$ は定曲率幾何学

(1) 任意の $x \in \mathbf{E}^n$ に対して，接表現 $D_x : \mathrm{O}(n) \ltimes \mathbf{R}^n_x \to \mathrm{GL}(T_x\mathbf{E}^n)$ は $T_x\mathbf{E}^n$ の直交変換への全単射．

(2) $(\mathrm{O}(n) \ltimes \mathbf{R}^n, \mathbf{E}^n)$ は幾何学．

証明．原点を $\mathbf{O} = (0, \cdots, 0)$ とすると， $\mathbf{O}$ の等方部分群は

$$\mathrm{O}(n) \subset \mathrm{O}(n) \ltimes \mathbf{R}^n$$

であり，任意の $A \in \mathrm{O}(n)$ と $v \in T_{\mathbf{O}}\mathbf{E}^n = \mathbf{R}^n$ に対し，標準的基底に関して $D_{\mathbf{O}}(A)(v) = Av$ と表せ， $x = \mathbf{O}$ の場合は主張 (1) は明らか．

$x \in \mathbf{E}^n$ を任意の点とする． $\mathrm{O}(n) \ltimes \mathbf{R}^n$ の作用は推移的であるから， $g \in \mathrm{O}(n) \ltimes \mathbf{R}^n$ として $g(\mathbf{O}) = x$ となる変換が存在する．このとき対応

$$f \to g \circ f \circ g^{-1}$$

は同型 $\mathrm{O}(n) \ltimes \mathbf{R}^n_{\mathbf{O}} \to \mathrm{O}(n) \ltimes \mathbf{R}^n_x$ をあたえ，微分による対応

$$df_{\mathbf{O}} \to d(g \circ f \circ g^{-1})_x = dg_{\mathbf{O}} \circ df_{\mathbf{O}} \circ dg_x^{-1}$$

は $\mathrm{O}(q_{\mathbf{O}})$ から $\mathrm{O}(q_x)$ への全単射をあたえるので D_x も全単射．

(2) について、推移性はすでに言及した．解析性について． f, g をある点 $x \in \mathbf{E}^n$ で $f(x) = g(x)$, $df_x = dg_x$ をみたす $\mathrm{O}(n) \ltimes \mathbf{R}^n$ の元とする． $g^{-1} \circ f$ は x を固定するので $\mathrm{O}(n) \ltimes \mathbf{R}^n_x$ の元であり， $d(g^{-1} \circ f)_x = dg_x^{-1} \circ df_x$ は仮定により恒等写像となる．したがって (1) より $g^{-1} \circ f = 1_{\mathbf{E}^n}$ だから $f = g$． □

Euclid 距離　$\mathbf{E}^n$ の任意の 2 点 x, y を結ぶ直線は一意的に存在する．その直線の長さは，計量を用いて $\sqrt{q_n(x-y, x-y)}$ と表される．

$$d_{\mathbf{E}^n}(x,y) = \sqrt{q_n(x-y, x-y)} = \sqrt{q_n(x-y)}$$

とおくと，$d_{\mathbf{E}^n}$ は $\mathbf{R}^n$ の上の標準的距離 $d_{\mathbf{R}^n}$ と同じものである．

§2. 球面幾何学

球面　$(n+1)$ 次元 Euclid 空間 $\mathbf{E}^{n+1}$ の単位球

$$\mathbf{S}^n = \{x \in \mathbf{E}^{n+1} \mid x_0^2 + \cdots + x_n^2 = 1\}$$

に Euclid 計量の制限計量をあたえて n 次元球面とよぶ．この Riemann 計量を球面計量といい，$q_{\mathbf{S}^n}$ で表す．

直交行列 $A \in \mathrm{O}(n+1)$ に対して，標準的座標を用い，対応 $x \to Ax$ で表される $\mathbf{E}^{n+1}$ の直交変換は，$\mathbf{S}^n$ を不変にし Euclid 計量とその制限である球

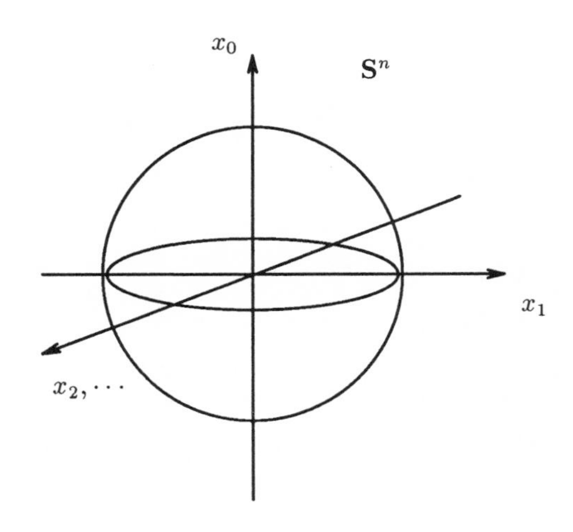

面計量を保存するので，$\mathbf{S}^n$ の等長変換を定める．$\mathrm{O}(n+1) \times \mathbf{S}^n$ の元 (A, x) に対し Ax を対応させる写像

$$\phi : \mathrm{O}(n+1) \times \mathbf{S}^n \to \mathbf{S}^n$$

は変換群 $(\mathrm{O}(n+1), \mathbf{S}^n)$ を定め，対応

$$A \to \phi_A$$

による準同型 $\phi : \mathrm{O}(n+1) \to \mathrm{Diff}\,\mathbf{S}^n$ は単射であるが，この場合も等長群 $\mathrm{Isom}\,\mathbf{S}^n$ への同型になっている．

補題：$\mathrm{O}(n+1) \simeq \mathrm{Isom}\,\mathbf{S}^n$　ϕ は $\mathrm{Isom}\,\mathbf{S}^n$ への同型，

$$\phi : \mathrm{O}(n+1) \simeq \mathrm{Isom}\,\mathbf{S}^n$$

である．

証明．全射であることをいえば十分．Euclid 幾何学の場合の計算は，$\mathbf{E}^n$ の弧状連結な開集合で定義された等長写像は 1 次写像になることを示している．以下，変数の数を $n+1$ 個にしたときのこの事実をつかう．

$f : \mathbf{S}^n \to \mathbf{S}^n$ を等長変換とする．このとき $\mathbf{E}^{n+1} - \{(0, \cdots, 0)\}$ 上の写像 $\bar{f}$ を $\mathbf{R}^{n+1}$ の計量 q_{n+1} を用いて

$$\bar{f}(x) = \sqrt{q_{n+1}(x)}\, f\left(\frac{x}{\sqrt{q_{n+1}(x)}}\right) \tag{2}$$

で定めると，$\bar{f}$ は微分可能で，しかも

$$d\bar{f}_x = df_{\frac{x}{\sqrt{q_{n+1}(x)}}}$$

となり Euclid 計量を保存する．したがって $\bar{f}$ は 1 次写像．$\mathbf{S}^n$ を保存する $\mathbf{E}^{n+1}$ の 1 次写像は直交変換であり，ある $A \in \mathrm{O}(n+1)$ により ϕ_A と表される．　□

球面部分空間　$\mathbf{E}^{n+1}$ の線型部分空間と $\mathbf{S}^n$ の共通部分として表される部分多様体を，球面計量の制限をあたえて球面部分空間とよぶ．線型空間の次元が $k+1$ のとき，次元 k または余次元 $n-k$ という．余次元 1 の球面部分空間は大円であり，超平面とよぶ．また，次元 1 の球面部分空間を直線ということにする．

補題：$\mathrm{O}(n+1)$ は球面部分空間に推移的に作用　S, S' を $\mathbf{S}^n$ の k 次元球面部分空間とすると，ある $f \in \mathrm{O}(n+1)$ で $f(S') = S$ となるものが存在する．とくに $\mathrm{O}(n+1)$ の $\mathbf{S}^n$ への作用は推移的．また，任意の k 次元球面部分空間は $\mathbf{S}^k$ に等長微分同型である．

証明．$(n+1)$ 次元 Euclid 幾何学の特別な場合の制限である．　□

球面幾何学　変換群 $(\mathrm{O}(n+1), \mathbf{S}^n)$ を球面幾何学という．つぎの命題は Euclid 幾何学と同様に球面幾何学が幾何学であり，次元分の対称性をもつことを示す．

命題：$(\mathrm{O}(n+1), \mathbf{S}^n)$ は定曲率幾何学

(1) 任意の点 $x \in \mathbf{S}^n$ に対して，接表現 $D_x : \mathrm{O}(n+1)_x \to \mathrm{GL}(T_x\mathbf{S}^n)$ は $T_x\mathbf{S}^n$ の直交変換への全単射．

(2) $(\mathrm{O}(n+1), \mathbf{S}^n)$ は幾何学．

証明．$\mathbf{O} = (1, 0, \cdots, 0)$ とすると，$\mathbf{O}$ の等方部分群は

$$(1) \oplus \mathrm{O}(n) \subset \mathrm{O}(n+1)$$

であり，任意の $(1) \oplus A \in \mathrm{O}(n+1)$ と $v \in T_{\mathbf{O}}\mathbf{S}^n = \mathbf{R}^n$ に対し，標準的基底に関して $(D_{\mathbf{O}}((1) \oplus A))(v) = Av$ と表せるので主張 (1) は明らか．あとは (1)，(2) とも Euclid 幾何学の場合と同じ議論で十分．　□

球面距離　球面の上を速度 1 で動く直線運動 $\mathrm{p}(t) = (p_0(t), \cdots, p_n(t))$ は，物理学の習慣にしたがい t に関する微分を上に $\dot{}$ をつけて表すと，

$$q_{n+1}\left(\mathrm{p}(t), \dot{\mathrm{p}}(t)\right) = 0,$$
$$q_{n+1}\left(\dot{\mathrm{p}}(t), \dot{\mathrm{p}}(t)\right) = 1$$

をみたす．速度条件から，$t = 0$ から時刻 t までの軌跡の長さは t である．

補題：球面距離の余弦は内積の値

$$\cos t = q_{n+1}\left(\mathrm{p}(t), \mathrm{p}(0)\right).$$

証明．容易な計算だが，あとのためやや複雑に示す．まず $\mathrm{p}(t)$ の関係式を t で微分することにより

$$q_{n+1}\left(\dot{\mathrm{p}}(t), \ddot{\mathrm{p}}(t)\right) = 0,$$
$$q_{n+1}\left(\mathrm{p}(t), \ddot{\mathrm{p}}(t)\right) = -q_{n+1}\left(\dot{\mathrm{p}}(t), \dot{\mathrm{p}}(t)\right) = -1$$

が得られる．一方，$\mathrm{p}(t)$ は直線上にあるので，加速度ベクトルは速度ベクトルと $\mathrm{p}(t)$ を基底とする 2 次元部分空間のなかにある．とくに $\ddot{\mathrm{p}}(t)$ は $\mathrm{p}(t)$ と $\dot{\mathrm{p}}(t)$ の 1 次結合で表される．この事実と上の関係式から

$$\ddot{\mathrm{p}}(t) = -\mathrm{p}(t)$$

が得られる．そこで 2 階の微分方程式

$$\frac{d^2}{dt^2}\, q_{n+1}\left(\mathrm{p}(t), \mathrm{p}(0)\right) = -q_{n+1}\left(\mathrm{p}(t), \mathrm{p}(0)\right)$$

を，初期条件

$$q_{n+1}(\mathrm{p}(0), \mathrm{p}(0)) = 1,$$
$$q_{n+1}(\dot{\mathrm{p}}(t), \mathrm{p}(0))|_{t=0} = 0$$

のもとで解けばよい． □

球面幾何学においては，任意の 2 点 x, y を結ぶ直線はたくさんある．たと

えばある直線が見つかれば，一度 y を通り越してからを 1 周余計に回った直線も x,y を結ぶ．また y が x の対称点 $-x$ であれば非可算無限個の結びかたがある．しかし対称点でない場合，長さが π 以下の結びかたは一意的に決まる．対称点の場合は π，その他の場合はこの長さを $d_{\mathbf{S}^n}(x,y)$ とおくと，上の補題により

$$\cos d_{\mathbf{S}^n}(x,y) = q_{n+1}(x,y).$$

ここで右辺の x,y は $\mathbf{R}^{n+1}$ 内の 2 点として計算したものである．$d_{\mathbf{S}^n}$ は球面上の距離になる．

比較のため，球面幾何学における円の面積と周の長さの公式をあたえる．

補題：球面円の面積と周の長さ　球面幾何学では，半径 r の円の周の長さは $2\pi\sin r$ であり，面積は $2\pi(1-\cos r)$ である．

証明．$(1,0,0)$ を中心とする半径 r の円の周を動く運動を

$$\mathrm{p}(t) = (\cos r,\ \sin r\cos t,\ \sin r\sin t)$$

とすると，周の長さは

$$\int_0^{2\pi}\sqrt{q_{\mathbf{E}^3}\left(\dot{\mathrm{p}}(t)\right)}\,dt = 2\pi\sin r$$

である．また，面積は周の長さを半径について 0 から r まで積分したものだから，結果は容易な積分計算により得られる．　□

§3.　双 曲 幾 何 学 I

Minkowski 空間　$(n+1)$ 次元の数空間 $\mathbf{R}^{n+1}$ の上の符号数 $(1,n)$ の標準的計量を

$$q_{1,n}(x,y) = -x_0y_0 + x_1y_1 + \cdots + x_ny_n = x^t\,\mathbf{I}_{1,n}\,y$$

とする．ここで $\mathbf{I}_{1,n} = (-1)\oplus\mathbf{I}_n$．$q_{1,n}$ は内積ではないが Lorentz 計量とよ

ばれ，自然科学のいろいろなところに現われる．$\mathbf{R}^{n+1}$ に Lorentz 計量 $q_{1,n}$ をあたえた計量線型空間を $\mathbf{R}^{1,n}$ で表す．Lorentz 計量の値が 0 になるようなベクトル全体は

$$L = \{x \in \mathbf{R}^{1,n} \mid -x_0^2 + x_1^2 + \cdots + x_n^2 = 0\}$$

で定義される $\mathbf{R}^{1,n}$ の部分空間をなす．L を光錐とよぶ．Lorentz 計量の値が負のベクトルからなる，光錐 L が囲む領域

$$L_- = \{x \in \mathbf{R}^{1,n} \mid -x_0^2 + x_1^2 + \cdots + x_n^2 < 0\}$$

は，x_0 成分の符号により 2 つの孤状連結成分に分かれる．

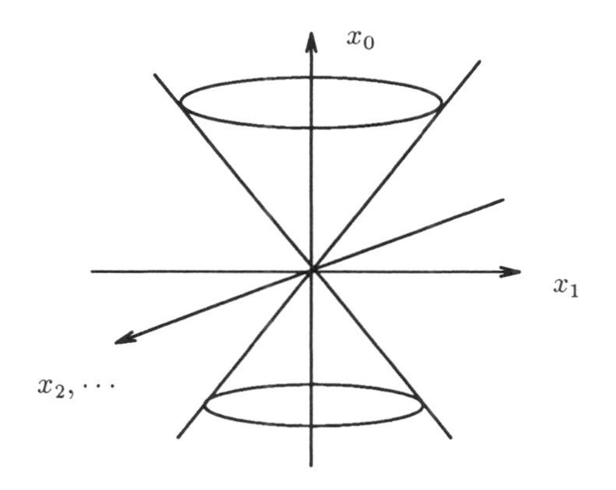

Lorentz 計量に関する直交群をとくに

$$\mathrm{O}(1,n) = \{A \in \mathrm{M}_{n+1}(\mathbf{R}) \mid A^t\, \mathbf{I}_{1,n}\, A = \mathbf{I}_{1,n}\}$$

で表し Lorentz 群とよび，その元を Lorentz 行列という．Lorentz 群の $\mathbf{R}^{1,n}$ への作用は Lorentz 計量の値をかえないので，L，L_-，$\mathbf{R}^{1,n} - (L \cup L_-)$ をそれぞれ不変にする．$\mathrm{O}(1,n)$ の元で L_- の孤状連結成分を保存する行列からなる指数 2 の部分群を，$\mathrm{O}^+(1,n)$ で表す．さらに $\mathrm{O}^+(1,n)$ のなかで行列式の値が正の元からなる指数 2 の部分群を，$\mathrm{SO}^+(1,n)$ で表す．$n = 1$ の場

合，SO$^+(1,1)$ の元はある $\theta \in \mathbf{R}$ により双曲 3 角関数を用いて，

$$\begin{pmatrix} \cosh\theta & \sinh\theta \\ \sinh\theta & \cosh\theta \end{pmatrix}$$

と表すことができ，群 SO$^+(1,1)$ はSO(2) と似た性質をもつ孤状連結 Lie 群である．ただしコンパクトではない．一般に Lorentz 群 $\mathrm{O}(1,n)$ は 4 つの孤状連結成分からなるコンパクトではない Lie 群である．

$\mathbf{R}^{n+1}$ の各点の接空間を $\mathbf{R}^{1,n}$ と自然に同一視し，対応

$$q_{\mathbf{E}^{1,n}} : x \to q_x = q_{1,n}$$

により擬 Riemann 計量をあたえた多様体を Minkowski 空間とよび，$\mathbf{E}^{1,n}$ で表す．擬 Riemann 計量 $q_{\mathbf{E}^{1,n}}$ も混同させて Lorentz 計量とよぶことにする．

双曲空間　Lorentz 計量は，$x_0^2 < x_1^2 + \cdots + x_n^2$ をみたすベクトルの大きさを正に計る．これに注目し，Euclid 幾何学から球面幾何学を得た方法をまねて幾何学を構成する．

まず

$$\{x \in \mathbf{E}^{1,n} \mid -x_0^2 + \cdots + x_n^2 = -1\}$$

で定義される双曲面を考える．$T_x\mathbf{E}^{1,n} = \mathbf{R}^{1,n}$ の Lorentz 形量を双曲面の接空間に制限すると，双曲面の接ベクトルはすべて $x_0^2 < x_1^2 + \cdots + x_n^2$ をみたすので内積を定める．したがって Lorentz 計量の双曲面への制限は，双曲面の Riemann 計量をあたえる．

双曲面は x_0 成分の符号により 2 つの孤状連結成分がある．2 つの孤状連結成分は原点に関する対称変換により互いに移り合う．$x_0 > 0$ の部分に注目し

$$\mathbf{H}^n = \{x \in \mathbf{E}^{1,n} \mid -x_0^2 + x_1^2 + \cdots + x_n^2 = -1,\ x_0 > 0\}$$

を双曲空間とよび，$\mathbf{H}^n$ 上の Lorentz 計量 $q_{\mathbf{E}^{1,n}}$ の制限による Riemann 計量を双曲計量といい，

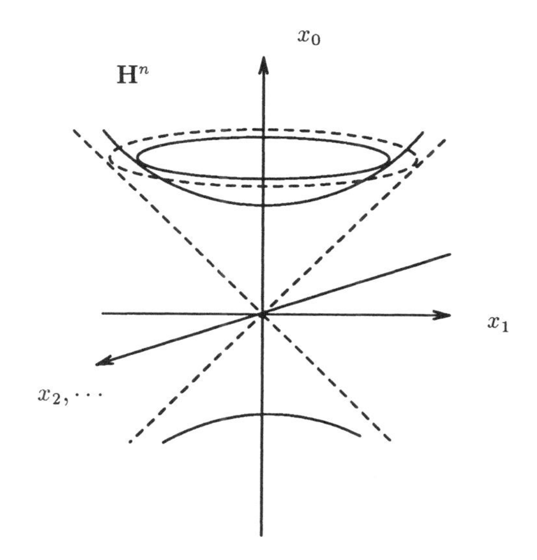

$$q_{\mathbf{H}^n} : x \to q_x$$

で表す．

Lorentz 行列 $A \in \mathrm{O}^+(1,n)$ に対して，標準的座標を用い対応 $x \to Ax$ で表される $\mathbf{E}^{1,n}$ の変換は， $\mathbf{H}^n$ を不変にし， Lorentz 計量とその制限である双曲計量を保存するので， $\mathbf{H}^n$ の等長変換を定める． $\mathrm{O}^+(1,n) \times \mathbf{H}^n$ の元 (A,x) に対し Ax を対応させる写像

$$\phi : \mathrm{O}^+(1,n) \times \mathbf{H}^n \to \mathbf{H}^n$$

は変換群 $(\mathrm{O}^+(1,n), \mathbf{H}^n)$ を定め，対応

$$A \to \phi_A$$

により定まる準同型 $\phi : \mathrm{O}^+(1,n) \to \mathrm{Diff}\, \mathbf{H}^n$ は単射であるが，これまでと同様に等長群 $\mathrm{Isom}\, \mathbf{H}^n$ への同型になっている．

補題： $\mathrm{O}^+(1,n) \simeq \mathrm{Isom}\,\mathbf{H}^n$　ϕ は $\mathrm{Isom}\,\mathbf{H}^n$ への同型，

$$\phi : \mathrm{O}^+(1,n) \simeq \mathrm{Isom}\,\mathbf{H}^n$$

である．

証明．Euclid 幾何学のときの証明の式 (1) の変数を $n+1$ 個にし，$A(x)^t$ と $A(x)$ の間に $\mathbf{I}_{1,n}$ をはさみ，右辺を $\mathbf{I}_{1,n}$ に変え同じ計算をくりかえすことにより，Minkowski 空間 $\mathbf{E}^{1,n}$ の開集合で定義された等長写像は 1 次写像になることがわかる．

$f : \mathbf{H}^n \to \mathbf{H}^n$ を等長変換とし，球面幾何学のときの証明中の式 (2) の計量を $\mathbf{R}^{1,n}$ の Lorentz 計量 $q_{1,n}$ におき換えて $\bar{f}$ を定めると，$\bar{f}$ は光錐で囲まれた領域 L_- の $\mathbf{H}^n$ を含む弧状連結成分の上で定義された微分可能な写像で，

$$d\bar{f}_x = df_{\frac{x}{\sqrt{q_{1,n}(x)}}}$$

であり Lorentz 計量を保存する．したがって $\bar{f}$ は 1 次写像．$\mathbf{H}^n$ を不変にする 1 次写像は Lorentz 計量に関する直交変換にかぎるので，f はある Lorentz 行列 $A \in \mathrm{O}^+(1,n)$ により ϕ_A と表される．□

双曲部分空間　$\mathbf{E}^{1,n}$ の線型部分空間と $\mathbf{H}^n$ の共通部分として表される部分多様体を，双曲計量の制限をあたえて双曲部分空間とよぶ．線型部分空間の次元が $k+1$ のとき次元 k または余次元 $n-k$ という．余次元 1 の双曲部分空間を超平面，次元 1 の双曲部分空間を直線とよぶ．

補題： $\mathrm{O}^+(1,n)$ は双曲部分空間に推移的に作用　H, H' を $\mathbf{H}^n$ の k 次元部分空間とすると，ある $f \in \mathrm{O}^+(1,n)$ で $f(H') = H$ となるものが存在する．とくに $\mathrm{O}^+(1,n)$ の $\mathbf{H}^n$ への作用は推移的．また k 次元双曲部分空間は $\mathbf{H}^k$ と等長微分同型である．

証明．H, H' をそれぞれ $\mathbf{E}^{1,n}$ の線型部分空間 E, E' に延長すると，それらは負の大きさをもつベクトルの空間 L_- と本質的に交わるため Lorentz 計量

の E, E' への制限はまた指数 $(1,k)$. したがって Sylvester の慣性法則により適当な基底 $(\mathbf{e}_0, \cdots, \mathbf{e}_k)$, $(\mathbf{e}'_0, \cdots, \mathbf{e}'_k)$ に関して Lorentz 計量となる. この基底は Schmidt の直交化と同様の操作により $\mathbf{R}^{1,n}$ の Lorentz 計量をあたえる基底 $(\mathbf{e}_0, \cdots, \mathbf{e}_n)$, $(\mathbf{e}'_0, \cdots, \mathbf{e}'_n)$ に延長する. そこで

$$A = (\mathbf{e}_0, \cdots, \mathbf{e}_n)(\mathbf{e}'_0, \cdots, \mathbf{e}'_n)^{-1}$$

とすれば A は Lorentz 行列 で, 変換 f を $f(x) = Ax$ とおけば $f(H') = H$. 最後の主張については $H = \{x_{k+1} = \cdots = x_n = 0\} \cap \mathbf{H}^n$ とすればよい. □

双曲幾何学の双曲面モデル 変換群 $(\mathrm{O}^+(1,n), \mathbf{H}^n)$ を双曲幾何学という.

つぎの命題は Euclid 幾何学, 球面幾何学と同様に, 双曲幾何学が幾何学であり, 次元分の対称性をもつことを示す.

命題: $(\mathrm{O}^+(1,n), \mathbf{H}^n)$ は定曲率幾何学

(1) 任意の点 $x \in \mathbf{H}^n$ に対して, 接表現 $D_x : \mathrm{O}^+(1,n)_x \to \mathrm{GL}(T_x\mathbf{H}^n)$ は $T_x\mathbf{H}^n$ の直交変換への全単射.

(2) $(\mathrm{O}^+(1,n), \mathbf{H}^n)$ は幾何学.

証明. $\mathbf{O} = (1, 0, \cdots, 0)$ とすると, $\mathbf{O}$ における等方部分群は

$$(1) \oplus \mathrm{O}(n) \subset \mathrm{O}^+(1,n)$$

であり, 任意の $(1) \oplus A \in \mathrm{O}^+(1,n)$ と $v \in T_{\mathbf{O}}\mathbf{H}^n = \mathbf{R}^n$ に対し, 標準的基底に関して $(D_{\mathbf{O}}((1) \oplus A))(v) = Av$ と表せるので主張は明らか. あとは (1), (2) とも Euclid 幾何学の場合と同じ議論で十分である. □

異なる表示をもつ幾何学が同変になる場合がある. そのようなとき幾何学の名前は同変類に対してあたえ, それぞれの表示をモデルという. 双曲幾何学の場合は複数の自然なモデルがある. $(\mathrm{O}^+(1,n), \mathbf{H}^n)$ は双曲面モデルとよば

れ，1つの標準的モデルである．このあと1つ，つぎの節でさらに2つの双曲幾何学のモデルを紹介する．双曲面モデルの特長は，線型代数との結びつきの強さである．

双曲距離　$\mathbf{H}^n$ 上の直線の長さと座標の関係を見る．$\mathbf{H}^n$ の上を速度1で動く直線運動 $\mathrm{p}(t) = (p_0(t), \cdots, p_n(t))$ は

$$q_{1,n}\left(\mathrm{p}(t), \dot{\mathrm{p}}(t)\right) = 0,$$
$$q_{1,n}\left(\dot{\mathrm{p}}(t), \dot{\mathrm{p}}(t)\right) = 1$$

をみたす．速度条件から，$t = 0$ から時刻 t までの運動の距離は t である．

つぎの公式は球面幾何学の場合と対照的である．

補題：双曲距離の双曲余弦は計量の値

$$\cosh t = -q_{1,n}\left(\mathrm{p}(t), \mathrm{p}(0)\right).$$

証明．球面距離の余弦が内積の値であることを示した計算を Lorentz 計量におき換えてくりかえすことにより，符号のみが異なる微分方程式

$$\frac{d^2}{dt^2} q_{1,n}\left(\mathrm{p}(t), \mathrm{p}(0)\right) = q_{1,n}\left(\mathrm{p}(t), \mathrm{p}(0)\right)$$

が得られる．これを初期条件

$$q_{1,n}\left(\mathrm{p}(0), \mathrm{p}(0)\right) = -1,$$
$$q_{1,n}\left(\dot{\mathrm{p}}(t), \mathrm{p}(0)\right)|_{t=0} = 0$$

のもとで解けばよい．　□

双曲幾何学においては $\mathbf{H}^n$ の任意の2点 x, y を結ぶ直線は一意的に存在する．その長さを $d_{\mathbf{H}^n}(x, y)$ とおくと，補題により

$$\cosh d_{\mathbf{H}^n}(x,y) = q_{1,n}(x,y).$$

ここで右辺の x, y は $\mathbf{R}^{1,n}$ のベクトルとみなす．$d_{\mathbf{H}^n}$ は $\mathbf{H}^n$ の距離になることが示せる．

また比較のため，双曲幾何学における円の面積と周の長さの公式をあたえる．

補題：双曲円の面積と周の長さ 双曲幾何学では，半径 r の円の周の長さは $2\pi \sinh r$ であり，面積は $2\pi(\cosh r - 1)$ である．

証明．$(1,0,0)$ を中心とする半径 r の円の周を運動

$$\mathrm{p}(t) = (\cosh r,\ \sinh r \cos t,\ \sinh r \sin t)$$

と表して計算すればよい． □

Klein モデル 線型代数と結びつきが強いもう 1 つのモデルを解説する．このモデルは作図を引き受ける場としてきわめて有用である．

$\mathbf{E}^{1,n}$ の原点を $\mathbf{O} = (0, \cdots, 0)$ とする．このとき $\mathbf{R}^n = \{x \in \mathbf{E}^{1,n} \mid x_0 = 1\}$ で定義される n 次元数空間の単位球の内部

$$\mathbf{R}^n \cap \{x_1^2 + \cdots + x_n^2 < 1\}$$

は，$\mathbf{O}$ を通る放射線により双曲空間 $\mathbf{H}^n$ と 1 対 1 に対応する．対応は具体的に座標を用いると，

$$\varphi_{\mathbf{K}}(x_1, \cdots, x_n) = \frac{1}{\sqrt{1-r^2}}(1, x_1, \cdots, x_n)$$

と表され，$\varphi_{\mathbf{K}}$ は単位球の内部から $\mathbf{H}^n$ への微分同型である．ただし $r^2 = x_1^2 + \cdots + x_n^2$．この単位球の内部に，双曲計量と $\varphi_{\mathbf{K}}$ が誘導する Riemann 計量をあたえ，$\mathbf{K}^n$ で表す．$\varphi_{\mathbf{K}}$ が誘導する $\mathrm{O}^+(1,n)$ の作用により，双曲幾何学の双曲面モデル $(\mathrm{O}^+(1,n), \mathbf{H}^n)$ と本質的に同じ幾何学 $(\mathrm{O}^+(1,n), \mathbf{K}^n)$ が得られる．これを双曲幾何学の Klein モデルという．

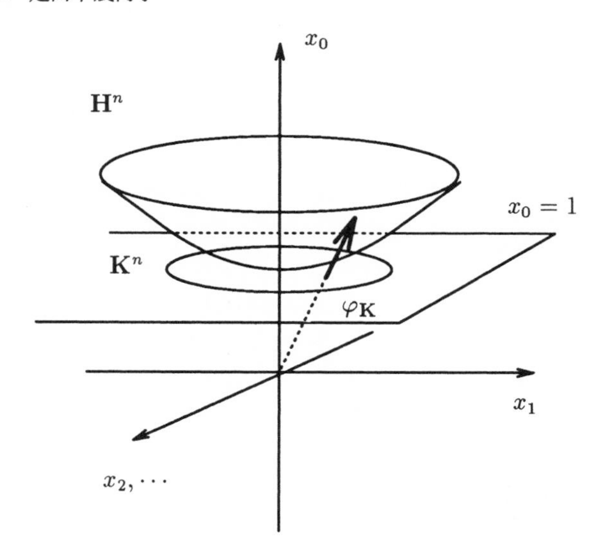

$\mathbf{K}^n$ の双曲部分空間を $\mathbf{H}^n$ の双曲部分空間の $\varphi_{\mathbf{K}}^{-1}$ による像とする．超平面，直線などについても同様に定める．$\mathbf{K}^n$ の双曲部分空間はきわめてわかりやすく，このモデルの１つの大きな利点になっている．

補題：$\mathbf{K}^n$ の双曲部分空間は Euclid 部分空間　$\mathbf{H}^n$ の超平面は，$\varphi_{\mathbf{K}}^{-1}$ により $\mathbf{K}^n \subset \mathbf{R}^n$ の Euclid 超平面と $\mathbf{K}^n$ の共通部分に 1 対 1 に対応する．

証明．自明．　□

$\mathbf{K}^n$ の境界は光錐 L の射影像である単位球面である．この部分を $\mathbf{K}^n_\infty$ で表し無限遠球面とよぶ．$\mathrm{O}^+(1,n)$ の元による $\mathbf{K}^n$ の変換は，一意的に $\mathbf{K}^n \cup \mathbf{K}^n_\infty$ の微分同型に拡張する．

射影幾何学との関連　Klein モデルを射影幾何学の一部分とみなすことにより，境界の外側にも適当な意味をあたえることができる．ここでは射影幾何学と Klein モデルの入りかたを大雑把に解説する．

数空間 $\mathbf{R}^{n+1}$ の $(0,\cdots,0)$ ではない点 x,y に対し

$$x \sim y \iff \text{ある実数 } \lambda \in \mathbf{R} \text{ に対して } x = \lambda y$$

とすると，$\sim$ は $\mathbf{R}^{n+1} - \{(0, \cdots, 0)\}$ の上に同値関係を定める．$\sim$ による商空間を n 次元射影空間といい，$\mathbf{RP}^n$ で表す．射影空間は放射線からなる空間であり，多様体であることが示せる．x を含む同値類の集合を $[x]$ で表し，その座標表示 $[x_0, \cdots, x_n]$ を $[x]$ の同次座標とよぶ．

$\mathrm{GL}(n+1, \mathbf{R}) \times \mathbf{RP}^n$ の元 $(A, [x])$ に対して $[Ax] \in \mathbf{RP}^n$ を対応させることにより $\mathrm{GL}(n+1, \mathbf{R})$ の射影空間への自然な作用が定まる．この作用は効果的ではなく，核はスカラー行列 $\lambda \mathbf{I}_{n+1}$ からなる．スカラー行列全体の集合は $\mathrm{GL}(n+1, \mathbf{R})$ の正規 Lie 部分群であり，剰余群

$$\mathrm{PGL}(n+1, \mathbf{R}) = \mathrm{GL}(n+1, \mathbf{R}) / \{\lambda \mathbf{I}_{n+1} \mid \lambda \neq 0\}$$

は射影変換群とよばれる Lie 群である．射影変換群の $\mathbf{RP}^n$ への作用

$$\phi : \mathrm{PGL}(n+1, \mathbf{R}) \times \mathbf{RP}^n \to \mathbf{RP}^n$$

は効果的になり，幾何学 $(\mathrm{PGL}(n+1, \mathbf{R}), \mathbf{RP}^n)$ を定める．これを射影幾何学という．

x_0 成分が 0 である放射線は，1 次元低い射影空間 $\mathbf{RP}^{n-1}$ を定める．一方 $\mathbf{R}^n = \{x \in \mathbf{R}^{n+1} \mid x_0 = 1\}$ は超平面 $\{x \in \mathbf{R}^{n+1} \mid x_0 = 0\}$ には含まれない放射線と必ず 1 回交わる．したがって $\mathbf{RP}^n$ は $\mathbf{RP}^{n-1}$ と $\mathbf{R}^n$ の共通部分のない和

$$\mathbf{RP}^n = \mathbf{RP}^{n-1} \cup \mathbf{R}^n$$

と表せる．位相空間としては $\mathbf{RP}^n$ は孤状連結であり，数空間 $\mathbf{R}^n$ の無限遠に $\mathbf{RP}^{n-1}$ が貼りついているとみなすのがよい．

さて計量を忘れ $\mathbf{R}^{n+1}$ と $\mathbf{E}^{1,n}$ を同一視すると，光錐に囲まれる領域 L_- を通る放射線は，$\mathbf{R}^n$ の単位球の内部 $\mathbf{K}^n$ に射影される．また $\mathrm{O}^+(1, n)$ は $\mathrm{GL}(n+1, \mathbf{R})$ の Lie 部分群であるが，単位行列以外のスカラー行列を含まないので $\mathrm{PGL}(n+1, \mathbf{R})$ へ単射的に射影される．このようにして，双曲幾何学の Klein モデル $(\mathrm{O}^+(1, n), \mathbf{K}^n)$ は射影幾何学の特別な一部分とみなせる．

超平面と直交垂線　H を $\mathbf{K}^n$ の超平面，E を H を含む $\mathbf{E}^{1,n}$ の余次元 1 の線型部分空間とする．このとき Lorentz 計量に関して E に直交する長さ 1 のベクトルが方向を除いて一意的に決まる．それを $E^\perp$ で表す．$E^\perp$ は $\varphi_{\mathbf{K}}^{-1}$ により $\mathbf{K}^n \cup \mathbf{K}^n_\infty$ の外側の 1 点 に射影される．この点を H の双対点とよび e_H で表す．ただし H が原点を含む場合は，e_H は無限遠射影空間 $\mathbf{RP}^{n-1}$ の点とする．$E \cap \mathbf{K}^n_\infty$ の e_H に関する錐は $\mathbf{K}^n_\infty$ に接する．e_H を通る任意の Euclid 直線は，$\mathbf{K}^n$ のなかで H に直交する．逆に，H に直交する $\mathbf{K}^n$ の直線の延長は必ず e_H を通る．

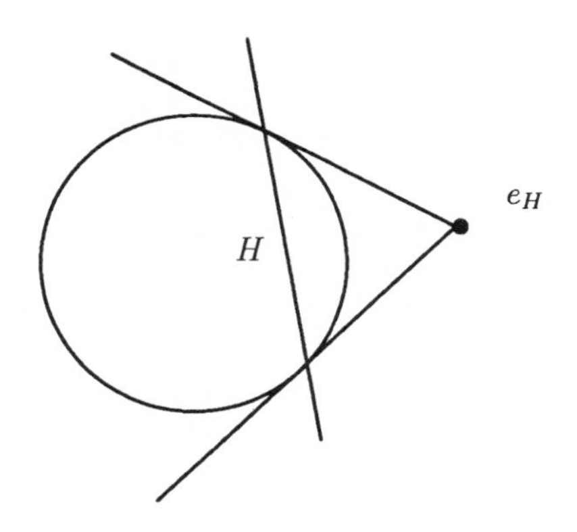

H, H' を $\mathbf{K}^n$ の超平面，E, E' を H, H' を含む $\mathbf{E}^{1,n}$ の余次元 1 の線型部分空間とする．H, H' の位置関係は $\mathbf{K}^n$ のなかで交わる，$\mathbf{K}^n$ のなかでは交わらないが $\mathbf{K}^n_\infty$ で交わる，$\mathbf{K}^n \cup \mathbf{K}^n_\infty$ では交わらない，の 3 つに分類することができる．

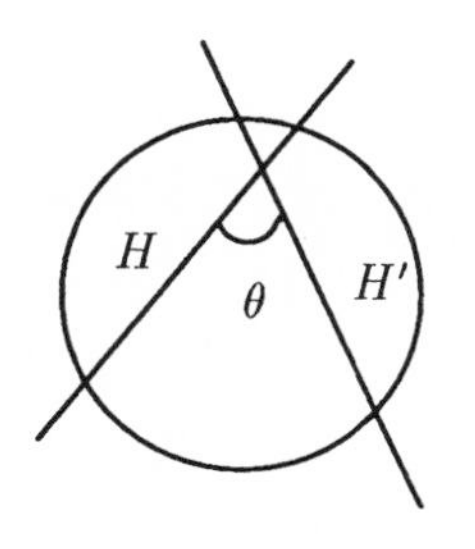

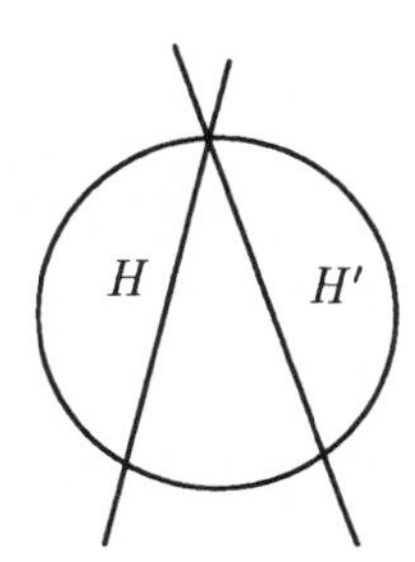

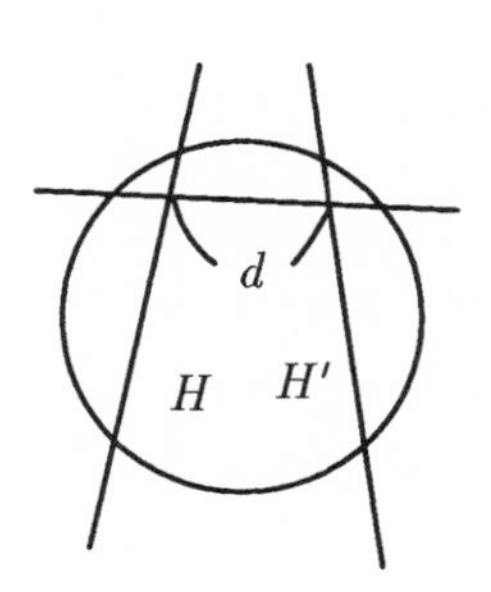

Lorentz 計量に関して E, E' に直交する長さ 1 のベクトルを $E^\perp, E'^\perp$ とすると，つぎの補題がなりたつ.

補題：超平面間の面角の余弦，距離の双曲余弦は双対ベクトルの計量の値

(1) H, H' が $\mathbf{K}^n$ で交わるとき，その間の面角 θ は

$$\cos\theta = q_{1,n}(E^\perp, E'^\perp).$$

(2) H, H' が $\mathbf{K}^n$ では交わらないが $\mathbf{K}^n_\infty$ で交わるとき，

$$|q_{1,n}(E^\perp, E'^\perp)| = 1.$$

(3) H, H' が $\mathbf{K}^n \cup \mathbf{K}^n_\infty$ で交わらなければ共通垂線が一意的に存在し，その長さ d は

$$\cosh d = |q_{1,n}(E^\perp, E'^\perp)|.$$

証明. (1) $H \cap H'$ のある点において H, H' の面角を計る接ベクトルを v_H, $v_{H'}$ とすると，これらはともに $E^\perp$ と $E'^\perp$ が張る $\mathbf{E}^{1,n}$ の 2 次元線型部分空間 F に含まれる. $q_{1,n}$ のこの部分空間への制限は正定値であり，$v_H, v_{H'}$ はそれぞれ $E^\perp, E'^\perp$ に直交するので，面角 θ は $E^\perp, E'^\perp$ のなす角度と一致する.

(2) は (1) の極限である.

(3) 仮定より F は光錐が囲む部分と交わり，$\mathbf{K}^n$ との共通部分は H, H' の共通垂線をあたえる. 必要ならば $E^\perp$ の符号をかえて，$E^\perp, E'^\perp$ は

$$F \cap \{x \in \mathbf{E}^{1,n} \mid -x_0^2 + x_1^2 + \cdots + x_n^2 = 1\}$$

の同じ孤状連結成分にあるとし，その上の速度 $\sqrt{-1}$ の運動 $\mathrm{q}(t)$ で結ぶ.

双曲距離の双曲余弦は計量の値であることを求めたときと同様の計算で

$$\frac{d^2}{dt^2} q_{1,n}(\mathrm{q}(t), \mathrm{q}(0)) = q_{1,n}(\mathrm{q}(t), \mathrm{q}(0))$$

という微分方程式が得られ，初期条件から

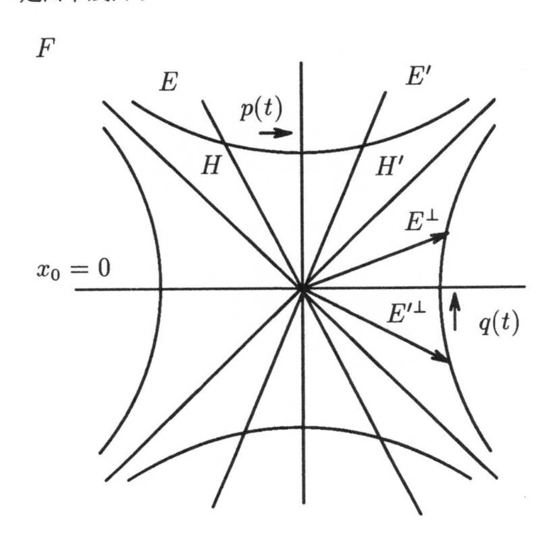

$$\cosh t = q_{1,n}(\mathrm{q}(t), \mathrm{q}(0))$$

となる．この値は，$\mathrm{q}(0)$ から $\mathrm{q}(t)$ に到達するのにかかる時間の双曲余弦である．一方，H, H' の共通垂線の上を速度 1 で動く運動 $\mathrm{p}(t)$ は，同じ運動時間で始点から終点に到達する．したがって，運動の時間はこちらでは長さと一致し，

$$\cosh d = q_{1,n}(\mathrm{q}(t), \mathrm{q}(0)) = |q_{1,n}(E^\perp, E'^\perp)|$$

となる．絶対値が必要なのは，計算の過程で $\mathrm{q}(t)$ をつくるのに $E^\perp$ の符号をかえる可能性があるためである．　□

双曲 3 角法　これまでの結果を利用して，双曲幾何学における 3 角法をあたえる．v_1, v_2, v_3 を $\mathbf{R}^{1,2}$ における $q_{1,2}(v_j, v_j) = \pm 1$ のベクトルとし，v^1, v^2, v^3 を

$$q_{1,2}(v_i, v^j) = \delta_{ij}$$

をみたす v_1, v_2, v_3 の双対ベクトルとする．これらの Lorentz 計量の値からなる行列は，互いに基底を双対に移す変換を定めるので

$$(q_{1,2}(v_i, v_j))^{-1} = (q_{1,2}(v^i, v^j))$$

という関係がなりたつ．この関係式から公式を導く．

双曲 3 角法の公式 I

(1)（3 角形の余弦公式）頂点を $\mathbf{K}^2$ 内にもつ 3 角形に対し，

$$\cos\gamma = \frac{\cosh A \cosh B - \cosh C}{\sinh A \sinh B},$$
$$\cosh C = \frac{\cos\alpha\cos\beta + \cos\gamma}{\sin\alpha\sin\beta}.$$

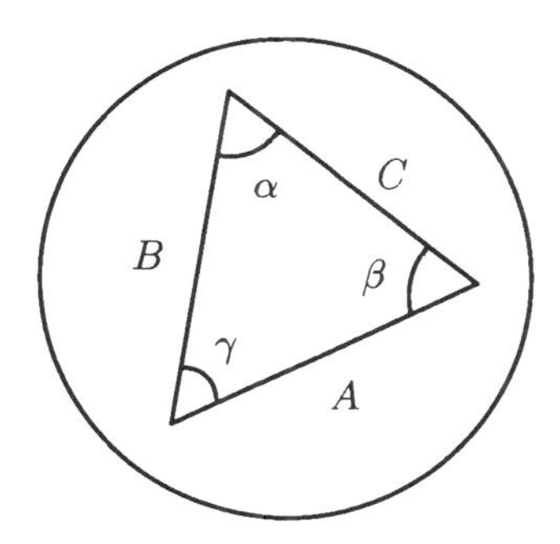

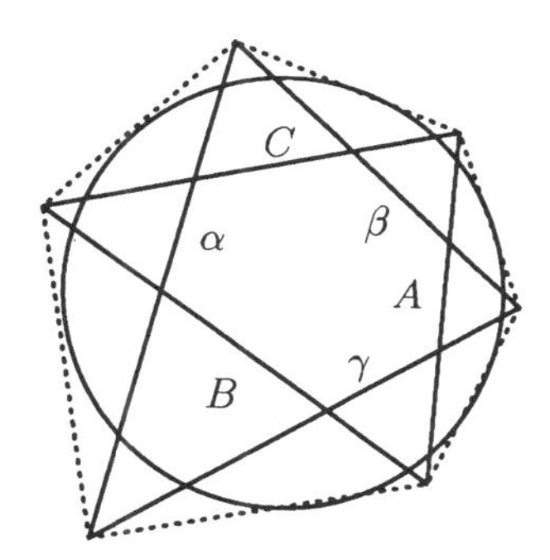

(2)（6 角形の双曲余弦公式）直角 6 角形に対し，

$$\cosh C = \frac{\cosh\alpha\cosh\beta + \cosh\gamma}{\sinh\alpha\sinh\beta}.$$

証明．(1) v_1, v_2, v_3 を角 α, β, γ を挟む 3 頂点を表す長さ -1 のベクトルとして，先の等式を見なおす．

$$-(q_{1,2}(v_i, v_j)) = \begin{pmatrix} 1 & \cosh C & \cosh B \\ \cosh C & 1 & \cosh A \\ \cosh B & \cosh A & 1 \end{pmatrix}.$$

一方，たとえば

$$q_{1,2}(v^1, v^2) = \sqrt{q_{1,2}(v^1, v^1)}\sqrt{q_{1,2}(v^2, v^2)}\,\cos\gamma$$

である．この式に現われる $(q_{1,2}(v^i, v^j))$ の成分を $q_{1,2}(v_i, v_j)$ から計算することにより $\cos\gamma$ の公式が得られる．v_1, v_2, v_3 として，$q_{1,2}(v_i, v_i) = 1$ となる各辺の双対点をとれば，同じ計算で $\cosh C$ の公式が得られる．

(2)　v_1, v_2, v_3 として，隣り合わない 3 辺の双対点をとれば，v^1, v^2, v^3 はもう一方の隣り合わない 3 辺の双対点になる．これらに対し同じ計算をすれば $\cosh C$ の公式が得られる．　□

以下の諸公式は並べた順に自然に示せるものであり，証明は省略する．

双曲 3 角法の公式 II

(1) $\gamma = \pi/2$ の直角 3 角形に対し，

$$\cosh C = \cosh A \cosh B,$$
$$\cosh A = \frac{\cos\alpha}{\sin\beta},$$
$$\sin\alpha = \frac{\sinh A}{\sinh C}.$$

(2)　（3 角形の正弦公式）一般の 3 角形に対し，

$$\frac{\sinh A}{\sin\alpha} = \frac{\sinh B}{\sin\beta} = \frac{\sinh C}{\sin\gamma}.$$

(3)　1 項点を $\mathbf{K}^2_\infty$ にもつ 3 角形に対し，

$$\cosh C = \frac{\cos\alpha\cos\beta + 1}{\sin\alpha\sin\beta}.$$

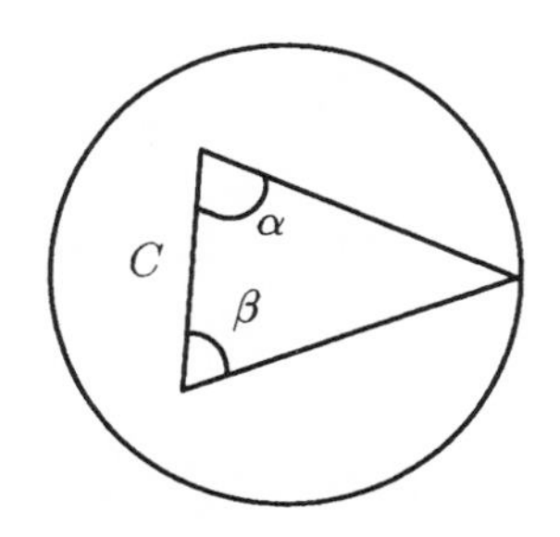

とくに $\beta = \pi/2$ の場合は

$$\cosh C = \frac{1}{\sin \alpha}.$$

(4) （5 角形公式）直角 5 角形に対し，

$$\sinh A \sinh B = \cosh D.$$

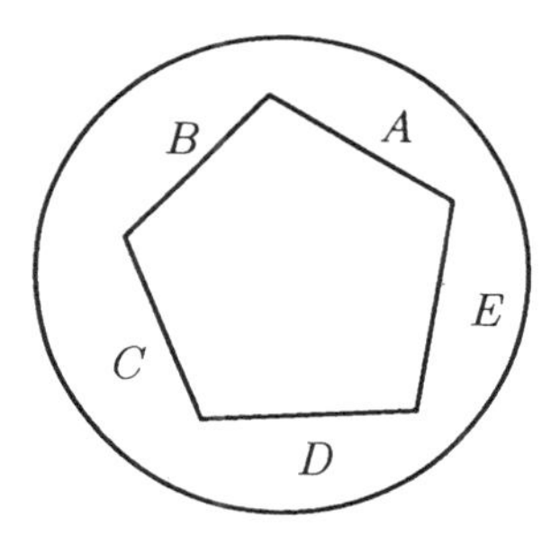

(5) （6 角形の双曲正弦公式）直角 6 角形に対し，

$$\frac{\sinh A}{\sinh \alpha} = \frac{\sinh B}{\sinh \beta} = \frac{\sinh C}{\sinh \gamma}.$$

§4. 双曲幾何学 II

等角計量　$\mathbf{R}^n$ の開集合 U 上の Riemann 計量 q_U が U 上定義された微分可能な関数 $f : U \to \mathbf{R}$ を用いて

$$q_U : x \to q_x = f(x)\, q_n$$

と表せるとき q_U は等角計量であるという．等角計量をもつ Riemann 多様体

$U \subset \mathbf{R}^n$ では，2つの接ベクトルのなす角は Euclid 計量を用いて計ったものと一致することが計算できる．

この節では n 次元双曲幾何学のモデルとして，n 次元 Euclid 空間の開集合を空間とし，Riemann 計量が等角計量になるものを2つあたえ，2次元の場合の等長変換と1次分数変換の関連に触れる．

Poincaré モデル　$\mathbf{E}^{1,n}$ 上にすこしずれた基点 $\mathbf{O}' = (-1, 0, \cdots, 0)$ をとる．$\mathbf{R}^n = \{x \in \mathbf{E}^{1,n} \mid x_0 = 0\}$ 上の単位球の内部

$$\mathbf{R}^n \cap \{x_1^2 + \cdots + x_n^2 < 1\}$$

は $\mathbf{O}'$ を通る放射線により $\mathbf{H}^n$ に1対1に対応する．対応は $r^2 = x_1^2 + \cdots + x_n^2$ とおくと，

$$\varphi_{\mathbf{P}}(x_1, \cdots, x_n) = \frac{1}{1 - r^2}(1 + r^2, 2x_1, \cdots, 2x_n)$$

で表される単位球の内部から $\mathbf{H}^n$ への微分同型である．

単位球の内部に双曲計量と $\varphi_{\mathbf{P}}$ が誘導する Riemann 計量をあたえ $\mathbf{P}^n$ で表

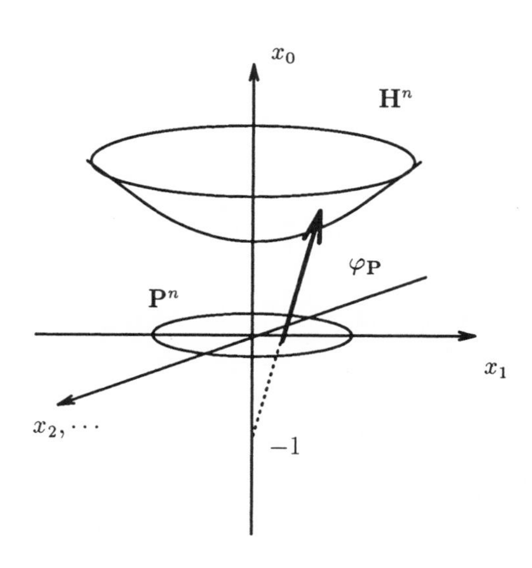

す．この Riemann 計量を $q_{\mathbf{P}^n}$ と表し，Poincaré 計量とよぶ．$\varphi_{\mathbf{P}}$ が誘導する $\mathrm{O}^+(1,n)$ の作用により，双曲幾何学の双曲面モデル $(\mathrm{O}^+(1,n), \mathbf{H}^n)$ と本質的に同じ幾何学 $(\mathrm{O}^+(1,n), \mathbf{P}^n)$ が得られる．これを双曲幾何学の Poincaré モデルという．

Klein モデルと同様に Poincaré モデルの境界 $\mathbf{P}^n_\infty$ は球面であるが，定義より $\mathbf{K}^n_\infty$ とまったく同じものである．$\mathrm{O}^+(1,n)$ の変換は自然に $\mathbf{P}^n \cup \mathbf{P}^n_\infty$ の微分同型に拡張する．$\mathrm{O}^+(1,n)$ の作用の具体的な表示は繁雑になるので，この節の最後で 2 次元の場合についてだけ調べる．

$\mathbf{P}^n$ の双曲部分空間を $\mathbf{H}^n$ の双曲部分空間の $\varphi_{\mathbf{P}}^{-1}$ による像とする．直線，超平面などについても同様に定める．$\mathbf{P}^n$ の双曲部分空間は，つぎの補題で示すように，$\mathbf{R}^n$ の球面と $\mathbf{P}^n$ の共通部分になる．ただし $\mathbf{R}^n$ の球面とは，通常の球面，および中心が無限遠にある Euclid 超平面とする．双曲部分空間は $\mathbf{K}^n$ では Euclid 超平面であり，$\mathbf{P}^n$ では球面となるが，それらは境界で一致する．

補題：$\mathbf{P}^n$ の双曲部分空間は境界に直交する球面との共通部分　$\mathbf{H}^n$ の超平面は，$\varphi_{\mathbf{P}}^{-1}$ により $\mathbf{P}^n$ の境界に直交する $\mathbf{R}^n$ の球面と $\mathbf{P}^n$ の共通部分に 1 対 1 に対応する．

証明．$\mathbf{H}^n$ 上の超平面 H の任意の点 $y \in H$ をとり，対応する $\mathbf{P}^n$ 上の点を $x = \varphi_{\mathbf{P}}^{-1}(y)$ とおく．$\mathbf{P}^n \subset \mathbf{R}^n$ と $\mathbf{K}^n \subset \mathbf{R}^n$ の 2 つのモデルを数空間 $\mathbf{R}^n$ を同一視して重ね合わせると，H の双対点 e_H と原点 $\mathbf{O}$ と x の間に

$$d_{\mathbf{R}^n}(e_H, x) = \sqrt{d_{\mathbf{R}^n}(e_H, \mathbf{O}) - 1}$$

という関係があることが簡単に計算できる．これは x が e_H を中心とし $\mathbf{P}^n_\infty$ と直交する球の上にあることを意味する．e_H が無限遠射影空間 $\mathbf{RP}^{n-1}$ にあるときは，x はその方向に直交する $\mathbf{O}$ を通る Euclid 超平面上の点となることが計算できる．$\mathbf{O}$ を通る Euclid 超平面は $\mathbf{P}^n_\infty$ に直交する．逆に，このような $\mathbf{P}^n$ の部分空間は，$\varphi_{\mathbf{P}}$ により $\mathbf{H}^n$ の超平面に写る．　□

双曲面モデルと Klein モデルは線型代数との結びつきが強く具体的計算には非常に便利であるが，幾何学的量は見た通りにはならない．Poincaré モデルは，部分空間の形が多少曲がるが，角度については見た通りという利点がある．

補題：Poincaré 計量は等角計量　u, v を $x \in \mathbf{P}^n$ における接ベクトルとすると，

$$q_{\mathbf{P}^n}(u, v) = \frac{4}{(1-r^2)^2}\, q_{\mathbf{E}^n}(u, v),$$

ただし $r^2 = x_1^2 + \cdots + x_n^2$.

証明．Poincaré 計量の値は，$\varphi_{\mathbf{P}}$ のヤコビ行列を用いて

$$\begin{aligned} q_{\mathbf{P}^n}(u, v) &= q_{\mathbf{H}^n}((d\varphi_{\mathbf{P}})_x u, (d\varphi_{\mathbf{P}})_x v) \\ &= u^t\, D\varphi_{\mathbf{P}}(x)^t\, \mathbf{I}_{1,n}\, D\varphi_{\mathbf{P}}(x)\, v \end{aligned}$$

と表される．最後の式は $\mathbf{R}^{n+1}$ の標準的基底に関して表現したベクトル u に対する計算式である．

この式の u^t, v で挟まれた部分を具体的に計算すると，

$$D\varphi_{\mathbf{P}}(x)^t\, \mathbf{I}_{1,n}\, D\varphi_{\mathbf{P}}(x) = \frac{4}{(1-r^2)^2}\, \mathbf{I}_n$$

となるので，

$$\begin{aligned} q_{\mathbf{P}^n}(u, v) &= \frac{4}{(1-r^2)^2}\, u^t\, \mathbf{I}_n\, v \\ &= \frac{4}{(1-r^2)^2}\, q_{\mathbf{E}^n}(u, v) \end{aligned}$$

が得られる．　□

Beltrami モデル　Poincaré モデルからもう 1 つモデルを導く．球面と無

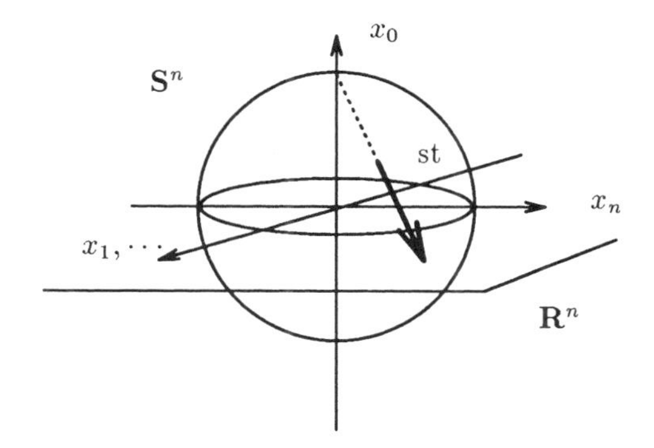

限遠点を込めた Euclid 空間の間の，北極を通る放射線があたえる 1 対 1 の対応

$$\mathrm{st} : \mathbf{S}^n \to \mathbf{R}^n \cup \{\infty\}$$

を，立体射影という．st は座標により

$$\mathrm{st}(x_0, \cdots, x_n) = \begin{cases} \infty, & (x_0, \cdots, x_n) = (1, 0, \cdots, 0) \text{ のとき} \\ \frac{1}{1-x_0}(x_1, \cdots x_n), & \text{その他のとき} \end{cases}$$

と表される．

つぎの補題は立体射影の基本的性質を表すが，証明は初等的にできるので演習とする．

補題：立体射影は等角写像　立体射影 st は $\mathbf{S}^n$ 上の小球を $\mathbf{R}^n$ 上の球に移す．また 2 つの小球のなす角度を保存する．

Poincaré モデルを，まず st^{-1} により $\mathbf{S}^n$ の下半球に写し，つぎに $x_1, \cdots, x_{n-1}$ 軸が張る $\mathbf{R}^{n-1}$ を中心に $\mathbf{S}^n$ を回転して $x_n > 0$ の部分に写し，st で $\mathbf{R}^n$ の上半空間 $\{x \in \mathbf{R}^n \mid x_n > 0\}$ に射影しなおす．

逆をたどる対応は，直接上半空間 から単位球の内部 $\{x_1^2 + \cdots + x_n^2 < 1\}$ への写像として，つぎの式で表される．

$\varphi_{\mathbf{B}}(x_1, \cdots, x_n) =$

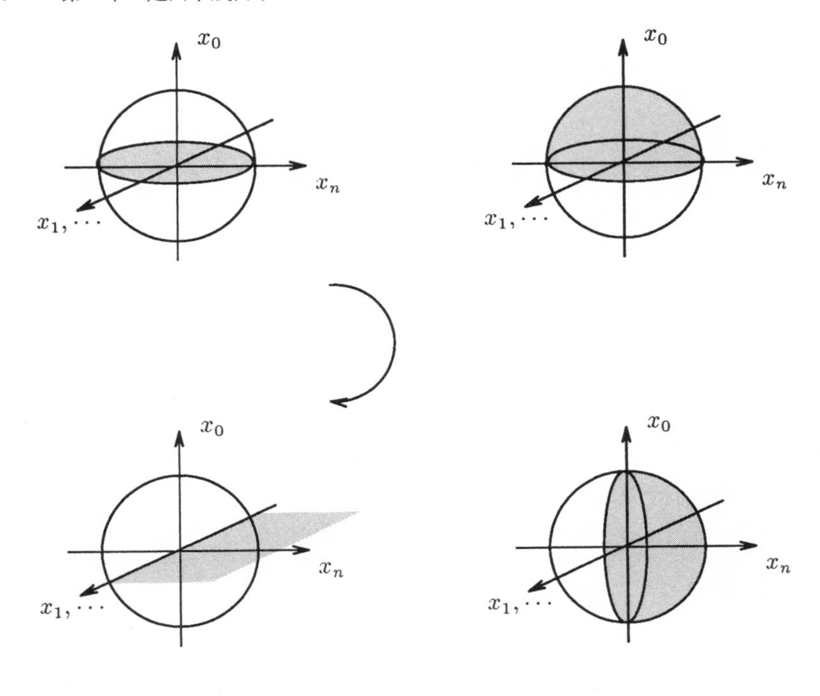

$$\frac{1}{x_1^2+\cdots+x_{n-1}^2+(x_n+1)^2}\,(2x_1,\cdots,2x_{n-1},x_1^2+\cdots+x_n^2-1).$$

ただし $\varphi_{\mathbf{B}}(\infty)=(0,\cdots,0,1)$ とする．上半空間の内部に Poincaré 計量と $\varphi_{\mathbf{B}}$ が誘導する Riemann 計量をあたえ $\mathbf{B}^n$ で表す．この Riemann 計量を $g_{\mathbf{B}^n}$ と表し，Beltrami 計量とよぶ．$\varphi_{\mathbf{P}}$ が誘導する $\mathrm{O}^+(1,n)$ の作用により，双曲面モデル $(\mathrm{O}^+(1,n),\mathbf{H}^n)$ と本質的に同じ幾何学 $(\mathrm{O}^+(1,n),\mathbf{B}^n)$ が得られる．これを双曲幾何学の Beltrami モデルという．

$\mathbf{B}^n$ の境界を無限遠点 ∞ を加えて球面とみなし $\mathbf{B}^n_\infty$ で表す．$\mathrm{O}^+(1,n)$ の変換はまた自然に $\mathbf{B}^n\cup\mathbf{B}^n_\infty$ の微分同型に拡張する．$\mathrm{O}^+(1,n)$ の作用の具体的な表示は 繁雑になるので，この節の最後で 2 次元の場合についてだけ調べる．

$\mathbf{B}^n$ の双曲部分空間を $\mathbf{P}^n$ の双曲部分空間の $\varphi_{\mathbf{B}}^{-1}$ による像と定める．超平面，直線などについても同様に定める．$\mathbf{B}^n$ の双曲部分空間も幾何学的にわかりやすい．

補題：$\mathbf{B}^n$ の双曲部分空間は境界に直交する半球　$\mathbf{P}^n$ の超平面は，$\varphi_{\mathbf{B}}^{-1}$ により $\mathbf{B}^n_\infty$ に直交する $\mathbf{R}^n$ の球面と $\mathbf{B}^n$ との共通部分に 1 対 1 に対応する．ただし $\mathbf{R}^n$ の球面とは，通常の球面，および Euclid 超平面を意味するものとする．

証明．直交射影 st は球面を球面に移し角度を保存することと，$\mathbf{P}^n$ の超平面は境界に直交することから明らか．　□

Poincaré モデルと同様に，Beltrami 計量も角度を保存する写像の合成により誘導されるので等角計量である．Beltrami 計量と Euclid 計量の具体的比較はつぎのようになる．

補題：Beltrami 計量は等角計量　u, v を $x \in \mathbf{B}^n$ における接ベクトルとすると，

$$q_{\mathbf{B}^n}(u,v) = \frac{1}{x_n^2}\, q_{\mathbf{E}^n}(u,v),$$

ただし $x = (x_1, \cdots, x_n)$．

証明．$\varphi_{\mathbf{B}}$ の x におけるヤコビ行列に関し

$$D\varphi_{\mathbf{B}}(x)^t\, \mathbf{I}_n\, D\varphi_{\mathbf{B}}(x) = \frac{4}{x_1^2 + \cdots + x_{n-1}^2 + (x_n+1)^2}\, \mathbf{I}_n$$

がなりたつ．一方，$\mathbf{P}^n$ での計量は $\varphi_{\mathbf{B}}^{-1}(x_1, \cdots, x_n)$ で計ると，

$$q_{\mathbf{P}^n} = \frac{x_1^2 + \cdots + x_{n-1}^2 + (x_n+1)^2}{4x_n^2}\, q_{\mathbf{E}^n}$$

で表される．これより

$$\begin{aligned} q_{\mathbf{B}^n}(u,v) &= q_{\mathbf{P}^n}((d\varphi_{\mathbf{B}})_x u, (d\varphi_{\mathbf{B}})_x v) \\ &= \frac{x_1^2 + \cdots + x_{n-1}^2 + (x_n+1)^2}{4x_n^2} u^t\, D\varphi_{\mathbf{B}}(x)^t\, \mathbf{I}_n\, D\varphi_{\mathbf{B}}(x)\, v \\ &= \frac{1}{x_n^2}\, q_{\mathbf{E}^n}(u,v) \end{aligned}$$

となる．　□

1次分数変換　$\mathbf{P}^n$ および $\mathbf{B}^n$ では，$\mathrm{O}^+(1,n)$ の作用の具体的な形は煩雑なため述べなかったが，ここでは次元を2にかぎり，複素関数による記述をあたえる．そのため，まず複素関数論の初歩を見なおす．詳細については [田村] などを参照されたい．複素数 z の共役を $\bar{z}$ で，虚数単位を i で表す．

$\mathbf{C}$ の開集合 U で定義された複素数値関数 $w(z)$ が $z \in U$ で極限

$$\lim_{\Delta z \to 0} \frac{w(z+\Delta z) - w(z)}{\Delta z}$$

が複素数として確定するとき，その値を w の z における微分係数といい，

$$\frac{dw}{dz}(z)$$

で表す．ここで Δz は小さな複素数のなかを動く．U の任意の点で微分係数が存在するとき，微分係数を対応させる写像を導関数といい，$\dfrac{dw}{dz}$ で表す．連続な導関数をもつ複素関数を正則関数という．多項式，有理式などは定義される領域で正則である．また複素微分は，関数の積の微分，商の微分などについて実微分と同じ公式がなりたつ．

複素微分は Δz の 0 への近づけかたが実2次元分の自由度をもつ．実軸および虚軸に沿わせて近づけることにより，w の偏微分と関係が生まれる．$z = x + iy$ とおけば，その関係は

$$\frac{dw}{dz} = \frac{\partial w}{\partial x} = -i\,\frac{\partial w}{\partial y}$$

と表せる．w を実部と虚部に分解し $w = u + iv$ とおけば，この関係は有名な Cauchy- Riemann の関係式

$$\frac{\partial u}{\partial x} = \frac{\partial v}{\partial y}, \quad \frac{\partial v}{\partial x} = -\frac{\partial u}{\partial y}$$

である．とくに複素関数 w を2変数 (x,y) の写像 (u,v) とみなしたときの z でのヤコビ行列は直交行列の定数倍となり，正則関数 w の点 $z \in U$ での微分

が 0 でなければ，dw_z は T_zU の Euclid 計量に関するベクトルの角度を保存する．

複素平面 $\mathbf{C} = \mathbf{R}^2$ に無限遠点 ∞ を加えた集合 $\mathbf{C} \cup \{\infty\}$ を立体射影により 2 次元球面と同一視し，Riemann 球とよぶ．$\mathrm{GL}(2, \mathbf{C})$ の行列

$$\begin{pmatrix} a & b \\ c & d \end{pmatrix}$$

に対して

$$w(z) = \frac{az+b}{cz+d}$$

により定まる Riemann 球の微分同型 w を 1 次分数変換という．ただし w の値に関して，

$$w(\infty) = a/c, \quad w(-d/c) = \infty$$

と約束する．1 次分数変換全体は合成に関し群になり，$\mathrm{GL}(2, \mathbf{C})$ からの対応は群の準同型であることが計算できる．しかし同型ではなく，核はスカラー行列からなり，剰余群

$$\mathrm{PGL}(2, \mathbf{C}) = \mathrm{GL}(2, \mathbf{C})/\{\lambda \mathbf{I}_2 \mid 0 \neq \lambda \in \mathbf{C}\}$$

が 1 次分数変換と 1 対 1 に対応する．

Riemann 球上に、異なる 3 点 w_0, w_1, w_∞ を勝手に選ぶと，$w(0) = w_0$, $w(1) = w_1$, $w(\infty) = w_\infty$ をみたす 1 次分数変換が一意的に存在する．とくに Riemann 球上の任意の異なる 3 点を勝手な異なる 3 点に移す 1 次分数変換が一意的に存在する．

$\mathrm{GL}(2, \mathbf{C})$ の実 Lie 部分群 $\mathrm{GL}(2, \mathbf{R})$ は行列式の符号により 2 つの孤状連結成分に分かれる．単位元を含む成分を $\mathrm{GL}^+(2, \mathbf{R})$ で表すと，スカラー行列による剰余群は

$$\mathrm{GL}^+(2, \mathbf{R})/\{\lambda \mathbf{I}_2 \mid 0 \neq \lambda \in \mathbf{R}\} \simeq \mathrm{SL}(2, \mathbf{R})/\{\pm \mathbf{I}_2\} = \mathrm{PSL}(2, \mathbf{R})$$

と同型になる．ただし $\mathrm{SL}(2, \mathbf{R})$ は行列式の値が 1 の行列からなる特殊線型群とよばれる Lie 群である．この群の元に対応する 1 次分数変換 w は実軸を

実軸に移す．複素数の実数部分を Re，虚数部分を Im で表すと，$\operatorname{Im} w(i) > 0$ であるから，$w(z)$ は上半平面から自身への微分同型正則関数である．そこで 2 次元 Beltrami モデルも上半平面で定義された幾何学だったことを思い出す．

補題：実 1 次分数変換は $\mathbf{B}^2$ の等長変換　任意の $ad-bc>0$ をみたす実数 $a,b,c,d \in \mathbf{R}$ に対し，

$$w(z) = \frac{az+b}{cz+d}$$

は $\mathbf{B}^2$ の等長変換を定める．

証明．$z \in \mathbf{B}^2$ における接ベクトルを u とすると，上半空間の計量 $q_{\mathbf{B}^2}$ と $q_{\mathbf{E}^2}$ の関係から

$$q_{\mathbf{B}^2}(u) = \frac{1}{(\operatorname{Im} z)^2}\, q_{\mathbf{E}^2}(u)$$

である．一方，分数関数の微分法則から

$$\frac{dw}{dz} = \frac{ad-bc}{(cz+d)^2}.$$

したがって

$$\begin{aligned} q_{\mathbf{B}^2}(dw_z u) &= \frac{1}{(\operatorname{Im} w)^2}\,(Dw(z)u)^t\,(Dw(z)u) \\ &= \frac{1}{(\operatorname{Im} w)^2}\,((\operatorname{Re} w)^2 + (\operatorname{Im} w)^2)\, q_{\mathbf{E}^2}(u) \\ &= \frac{1}{(\operatorname{Im} w)^2}\left|\frac{dw}{dz}\right|^2 q_{\mathbf{E}^2}(u) \\ &= \frac{1}{(\operatorname{Im} z)^2}\, q_{\mathbf{E}^2}(u) \end{aligned}$$

となり，w は Beltrami 計量を保存する．　□

このように $\mathrm{PSL}(2,\mathbf{R})$ は $\mathbf{B}^2$ に等長変換として作用する．作用が定める準同型 $\phi : \mathrm{PSL}(2,\mathbf{R}) \to \operatorname{Isom} \mathbf{B}^2$ は単射であるが，実はほとんど全射にもなっ

ている． Beltrami モデルにおいて， $SO^+(1,2)$ の作用の像となる $\mathrm{Isom}\,\mathbf{B}^2$ の部分群を $\mathrm{Isom}_+\mathbf{B}^2$ と表す． $\mathrm{Isom}_+\mathbf{B}^2$ は $\mathbf{B}^2$ の向きを保存する等長変換からなる指数 2 の部分群である．

補題： $\mathrm{PSL}(2,\mathbf{R}) \simeq \mathrm{Isom}_+\mathbf{B}^2$ ϕ は $\mathrm{Isom}_+\mathbf{B}^2$ への同型

$$\phi : \mathrm{PSL}(2,\mathbf{R}) \simeq \mathrm{Isom}_+\mathbf{B}^2$$

をあたえる．とくに Lie 群の同型 $\mathrm{PSL}(2,\mathbf{R}) \simeq SO^+(1,2)$ がある．

証明． $\mathrm{PSL}(2,\mathbf{R})$ が $\mathbf{B}^2$ に推移的に作用することは容易に確かめられる．任意の等長変換 $f \in \mathrm{Isom}_+\mathbf{B}^2$ に対して $g \in \mathrm{PSL}(2,\mathbf{R})$ として $f(i) = g(i)$ となる元が存在する． $g^{-1} \circ f$ は $\mathrm{Isom}_+\mathbf{B}^2_i$ の元であり， $d(g^{-1} \circ f)_i = dg^{-1}_{f(i)} \circ df_i$ は $T_i\mathbf{B}^2$ の直交変換を定める．一方

$$\mathrm{PSL}(2,\mathbf{R})_i = \left\{ \begin{pmatrix} a & b \\ -b & a \end{pmatrix} \;\middle|\; a^2 + b^2 = 1 \right\}$$

であり， i における接表現 D_i は $\mathrm{PSL}(2,\mathbf{R})_i$ を $T_0\mathbf{P}^2$ の向きを保存する直交変換（＝回転）に全射に表現する．とくにある $w \in \mathrm{PSL}(2,\mathbf{R})_i$ で $d(g^{-1} \circ f)_i = dw_i$ となるものが存在する．したがって 1 点の行き先と微分が等しいので $g^{-1} \circ f = w$ が得られ， $f = g \circ w$ で， f は $\mathrm{PSL}(2,\mathbf{R})$ の元の作用となる． □

これにより $(SO(1,2), \mathbf{B}^2)$ の（本質的に同じであるが）異なる Lie 群による変換群としての表示 $(\mathrm{PSL}(2,\mathbf{R}), \mathbf{B}^2)$ を得た．

$\varphi_{\mathbf{B}} : \mathbf{B}^2 \to \mathbf{P}^2$ は，この次元では Riemann 球の 1 次分数変換

$$w(z) = \frac{iz + 1}{z + i}$$

を上半平面 $\mathbf{B}^2$ に制限したものとして表せる． w を $\mathrm{PSL}(2,\mathbf{C})$ の元とみなし， $\mathrm{PSL}(2,\mathbf{R})$ の w のよる共役 $w\,\mathrm{PSL}(2,\mathbf{R})\,w^{-1}$ を $G_{\mathbf{P}^2}$ と表すと， w は $(\mathrm{PSL}(2,\mathbf{R}), \mathbf{B}^2)$ と本質的に同じ幾何学 $(G_{\mathbf{P}^2}, \mathbf{P}^2)$ を誘導する． $G_{\mathbf{P}^2}$ は $\mathbf{P}^2$

に等長変換として作用し，作用が定める写像 $\phi : G_{\mathbf{P}^2} \to \mathrm{Isom}\,\mathbf{P}^2$ は $\mathbf{P}^2$ の向きを保つ等長変換からなる群 $\mathrm{Isom}_+\mathbf{P}^2$ への同型になる．

$G_{\mathbf{P}^2}$ は行列群としては書きにくいが，変換の形は，実数 λ と絶対値が 1 以下の複素数 a を用いて

$$w(z) = e^{i\lambda}\frac{z-a}{1-\bar{a}z}$$

と表される．実際，単位円 $\{|z|=1\}$ の w による像は

$$|w(z)| = \left|\frac{z-a}{1-\bar{a}z}\right| = \left|\frac{z-a}{\bar{z}-\bar{a}}\right| = 1$$

から単位円であり，$|a| < 1$ としたので $|w(0)| < 1$．とくに w は単位円の内部から自身への微分同型正則関数である．また，このように表される写像は $G_{\mathbf{P}^2}$ の元による変換である．

（蛇足） 3 次元上半空間の点を $1, i, j, k$ が生成する 4 元数体の元により $h = x + iy + jz$, $z > 0$ で表し， $\mathrm{PSL}(2, \mathbf{C})$ の行列

$$\begin{pmatrix} a & b \\ c & d \end{pmatrix}$$

に対して

$$w(h) = (ah+b)(ch+d)^{-1}$$

とおくと，w は Beltrami 計量を保存し $\mathbf{B}^3$ の等長変換を定め，2 次元の場合と同様に，Lie 群の同型

$$\mathrm{PSL}(2, \mathbf{C}) \simeq \mathrm{Isom}_+\mathbf{B}^3 \simeq \mathrm{SO}^+(1,3)$$

が得られる．一般の次元でも Clifford 代数をつかって，$\mathrm{SO}^+(1,n)$ と 2×2 の行列の間の同型対応が [Wada] のなかで構成されている．

（蛇足）双曲幾何学は，Klein，Poincaré，Beltrami のような近代の大数学者の名前が冠されるモデルがあり，一時期多くの先進研究者の興味を集めた

ことが想像される．その後は散発的な研究が続く期間が長かったが，70 年代の半ばごろから，Gromov, Sullivan, Thurston などの研究により，多様体の研究の枠を大きく広げる原動力としてふたたび数学の表舞台に登場してきた．80 年 H. Poincaré の数学的遺産をめぐるシンポジウムでは，Milnor, Thurston が双曲幾何学の進展をテーマとする招待講演をしている．その内容は 82 年の *Bull. Amer. Math. Soc.* に発表されているが，それらからは当時の雰囲気がよく伝わってくる．

第 IV 章

鏡映変換群

鏡映変換とは，空間のなかに鏡を立ててこちら側と向こう側を入れ替える変換のことである．いろいろな設定で考えることができ，それぞれ豊かな数学を展開できるが，ここでは前章で解説した3つの幾何学 (G, X) で扱い，鏡映変換が不連続群を生成するための十分条件をあたえる Poincaré の定理を証明する．

§1. 鏡 映 変 換

鏡映変換 (G, X) を Euclid，球面または双曲幾何学とする．鏡映変換とは，G の非自明な元による X の変換であって，超平面を固定するものとする．固定される超平面は，鏡映変換の固定点集合に一致することが容易に確かめられる．

R_0 を行列

$$(1) \oplus \cdots \oplus (1) \oplus (-1)$$

が定める X の等長変換とする．R_0 は超平面 $X \cap \{x_n = 0\}$ を固定する鏡映変換であり，$\operatorname{Fix} R_0 = X \cap \{x_n = 0\}$ である．また $X \cap \{x_n = 0\}$ を固定する非自明な等長変換は R_0 にかぎる．

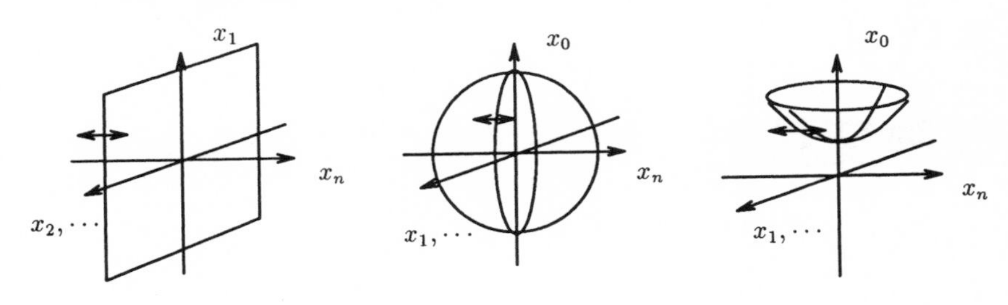

補題：超平面は鏡映変換を定める　任意の超平面を固定する鏡映変換が一意的に存在する．　□

証明．H を X の超平面とする．このとき，G は部分空間に推移的に作用するので，G の元 f で $f(H) = \mathrm{Fix}\, R_0$ となるものが存在する．f による R_0 の共役 $f^{-1} \circ R_0 \circ f$ は，H を固定する鏡映変換である．R, R' を H を固定する鏡映変換とするとき，$f \circ R \circ f^{-1}, f \circ R' \circ f^{-1}$ はともに $\mathrm{Fix}\, R_0$ を固定するので，

$$f \circ R \circ f^{-1} = R_0 = f \circ R' \circ f^{-1}$$

であり，$R = R'$．　□

鏡映変換で，$\mathrm{Fix}\, R$ と $\mathrm{Fix}\, R'$ が面角 θ で交わるものを R, R' とする．π の有理数倍を有理角，その他を無理角とよぶことにすると，

補題：鏡映の合成は回転　$R' \circ R$ は $\mathrm{Fix}\, R \cap \mathrm{Fix}\, R'$ のまわりの 2θ の回転．とくに R, R' が生成する群 $<R, R'>$ が不連続であることと，θ が有理角であることは同値である．

証明．X の等長変換で座標をかえることにより，

$$\mathrm{Fix}\, R = X \cap \{x_n = 0\},$$
$$\mathrm{Fix}\, R' = X \cap \{x_n = x_{n-1} \cos\theta\},$$

と仮定してよい．このとき $R' \circ R$ は行列 $(1) \oplus \cdots \oplus (1) \oplus Q_{2\theta}$ が定める回転

になる．θ が有理角のときは，$<R, R'>$ は 2 面体群を生成し離散的であるから不連続．無理角のときは，G の 2 次元部分空間の回転を表すコンパクト部分群 $H \simeq \mathrm{O}(2)$ の無限部分群を生成するため，$<R, R'>$ は H で離散的でなく G でも離散的でない．とくに不連続でない． □

補題：等長変換は鏡映変換の合成　G の任意の元による X の変換は，鏡映変換の合成として表せる．

証明．$\mathbf{O}$ を，Euclid 幾何学のときは $(0, \cdots, 0)$，球面，双曲幾何学のときは $(1, 0, \cdots, 0)$ を表すとする．$f \in G$ に対し $f(\mathbf{O}) \neq \mathbf{O}$ のとき，両点を結ぶ直線の中点を通り，それに直交する超平面を固定する鏡映変換を R とする．$f(\mathbf{O}) = \mathbf{O}$ のときは R を恒等変換とする．このとき $R \circ f$ は $\mathbf{O}$ を固定する．

整数 $1 \leq j \leq n-1$ に対し X の部分空間 X_j を

$$X_j = X \cap \{x_{j+1} = \cdots = x_n = 0\}$$

により定める．X_1 の上に $\mathbf{O}$ とは異なる点 x を選び，$x \neq R \circ f(x)$ のときは両点を結ぶ直線の中点を通りそれに直交する超平面を固定する鏡映変換を R_1 とする．$x = R \circ f(x)$ のときは R_1 は恒等変換とする．$\mathrm{Fix}\, R_1$ は $\mathbf{O}$ を含み，$R_1 \circ R \circ f$ は X_1 を固定する．

同じ操作を続け $R_{n-1} \circ \cdots \circ R \circ f$ を得るが，これは X_{n-1} を固定するので，鏡映変換 R_0 かまたは恒等変換である．f に鏡映変換を何回か合成することにより恒等変換が得られたので，鏡映の部分を移項すれば f 自身が鏡映変換の合成として表される． □

鏡映変換群と固定点をもつ場合　X の鏡映変換が生成する G の部分群，またはそのような部分群が定める変換群を鏡映変換群という．ここでは鏡映変換群が固定点をもつとき，幾何学の包含関係が鏡映変換群の包含関係を導くことを注意する．

まず，球面幾何学の定義による包含関係 $\mathbf{S}^n \subset \mathbf{E}^{n+1}$ と，自明な単射準同型 $\mathrm{O}(n+1) \to \mathrm{O}(n+1) \ltimes \mathbf{R}^{n+1}$ の組は，幾何学としての包含写像

$$(\mathrm{O}(n+1), \mathbf{S}^n) \subset (\mathrm{O}(n+1) \ltimes \mathbf{R}^{n+1}, \mathbf{E}^{n+1})$$

をあたえる．球面幾何学の任意の鏡映変換群 $\Gamma \subset \mathrm{O}(n+1)$ を，包含写像により $\mathrm{O}(n+1) \ltimes \mathbf{R}^{n+1}$ に埋め込むと，$\mathbf{E}^{n+1}$ の $\mathbf{O}$ を固定する鏡映変換群になる．逆に，Γ を $\mathbf{E}^{n+1}$ の鏡映変換群で $\mathbf{O}$ を固定するものとすれば，Γ は包含写像の像に含まれ，$(\Gamma, \mathbf{E}^{n+1})$ を球面 $\mathbf{S}^n$ に制限すると，$\mathbf{S}^n$ 上の鏡映変換群 $(\Gamma, \mathbf{S}^n)$ が得られる．

つぎに，Euclid 幾何学の双曲幾何学への埋め込みを見る．Beltrami モデル $\mathbf{B}^n$ の Beltrami 計量をレベル集合

$$\{x \in \mathbf{B}^{n+1} \mid x_{n+1} = C \ (\text{定数})\}$$

に制限すると，計量は $\mathbf{E}^n$ の Euclid 計量と定数 $1/C^2$ 倍の差しかない．とくに $C = 1$ のときは一致するので

$$\mathbf{E}^n = \{x \in \mathbf{B}^{n+1} \mid x_{n+1} = 1\}$$

と同一視すれば包含関係 $\mathbf{E}^n \subset \mathbf{B}^{n+1}$ が得られる．さらに $\mathrm{O}(n) \ltimes \mathbf{R}^n$ の元 (A, c) に対し，

$$(x, x_{n+1}) \to (Ax + c, x_{n+1})$$

で定まる $\mathbf{B}^n$ の等長変換を対応させることにより，単射準同型 $\mathrm{O}(n) \ltimes \mathbf{R}^n \to \mathrm{O}^+(1, n+1)$ が得られる．包含関係 $\mathbf{E}^n \subset \mathbf{B}^{n+1}$ とこの単射準同型の組は幾何学の包含写像

$$(\mathrm{O}(n) \ltimes \mathbf{R}^n, \mathbf{E}^n) \subset (\mathrm{O}^+(1, n+1), \mathbf{B}^{n+1})$$

をあたえる．Euclid 幾何学の任意の鏡映変換群 $\Gamma \subset \mathrm{O}(n) \ltimes \mathbf{R}^n$ を包含写像により $\mathrm{O}^+(1, n+1)$ に埋め込むと，$\mathbf{B}^{n+1}$ の ∞ を固定する鏡映変換群が得られる．逆に Γ を Beltrami モデル $\mathbf{B}^{n+1}$ の鏡映変換群で無限遠点 ∞ を固定するものとすれば，Γ は包含写像の像に含まれ，$(\Gamma, \mathbf{B}^{n+1})$ を $\mathbf{E}^n$ に制限すると，$\mathbf{E}^n$ 上の鏡映変換群 $(\Gamma, \mathbf{E}^n)$ が得られる．

§2. Poincaré の定理

凸多面体 (G, X) を n 次元の Euclid，球面または双曲幾何学とする．X を超平面で 2 つに分けた一方の弧状連結成分の閉包を半空間とよぶ．X の半空間の有限個の共通部分として表せる部分集合を凸多面体という．

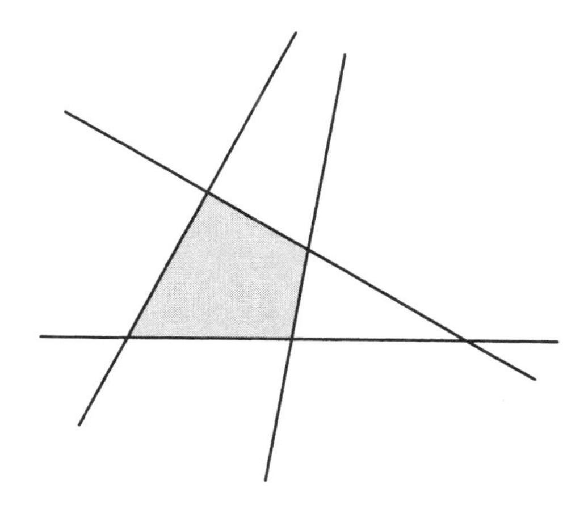

凸多面体はコンパクトである必要はない．また，X の凸多面体は X の開集合を含むとはかぎらない．たとえば超平面は，それを境界とする 2 つの半空間の共通部分だから凸多面体である．

$\Delta \subset X$ を凸多面体とするとき，Δ を含む部分空間の次元の最小値を Δ の次元という．Δ を定義する半空間のうち，いくつかを境界の超平面におき換えて共通部分をとったものはまた凸多面体になる．これを Δ の面という．面の凸多面体としての次元を次元，Δ の次元との差を余次元という．また 0 次元の面を頂点とよぶ．

双曲幾何学における凸多面体 Δ は，Klein モデル $\mathbf{K}^n \subset \mathbf{R}^n$ においては，Δ を定義する半空間を $\mathbf{R}^n$ に延長して得られる Euclid 凸多面体と $\mathbf{K}^n$ との共通部分として表せる．Δ の延長である Euclid 多面体の境界の面で $\mathbf{K}^n$ と

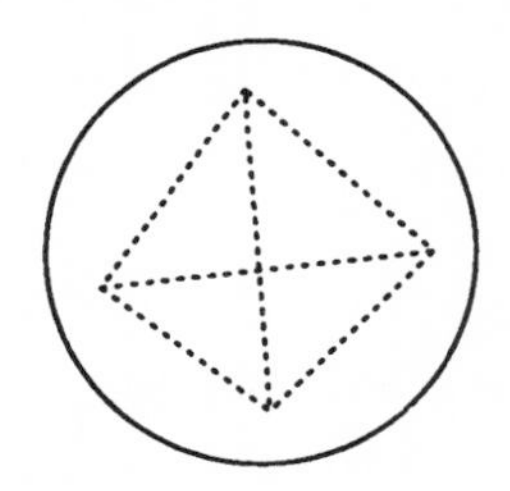

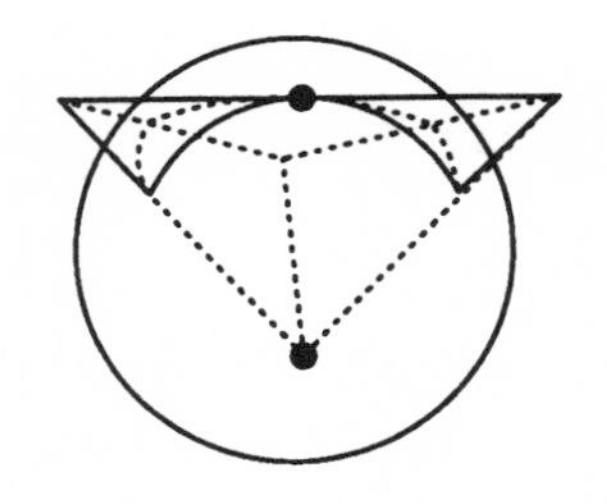

交わらないものは，無限遠球面 $\mathbf{K}^n_\infty$ と高々有限個の点で交わる．これらの点を Δ の理想頂点という．理想頂点は， Euclid 多面体の頂点である場合と，ある $n-2$ 以下の次元の面の内点である場合がある．理想頂点は Δ の点ではないが，考慮に入れると便利なことが多い．

タイル張り　Δ を凸多面体とする．Δ と等長な図形からなる X の被覆

$$X=\bigcup_j \Delta_j$$

が，任意の $i \neq j$ に対して $\Delta_i \cap \Delta_j$ が Δ_i, Δ_j 双方の $\dim X$ 以下の次元をもつ面であるとき，被覆 $\cup_j \Delta_j$ を Δ による X のタイル張りという．

タイル張りと鏡映変換を見事に結びつけるのが Poincaré の定理である．定

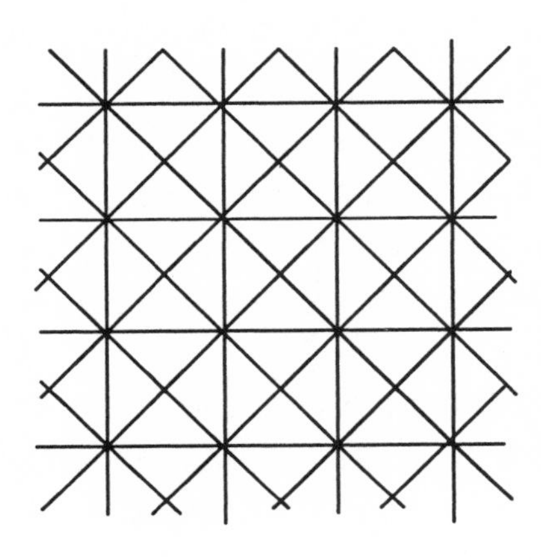

式化のため，以降この章で通してつかう記号を定める．(G, X) を n 次元 Euclid，球面または双曲幾何学とする．Δ を X の n 次元凸多面体，Δ の境界の $(n-1)$ 次元面に順番 $j = 1, \cdots, m$ をつけ $\partial_j \Delta$ で表す．R_j を $\partial_j \Delta$ を含む超平面を固定する X の鏡映変換とし，Γ を R_j, $j = 1, \cdots, m$ が生成する G の鏡映変換群

$$\Gamma = < R_1, \cdots, R_m >$$

とする．Γ は Δ が生成する鏡映変換群ともいう．

Δ が Γ の元によりどこへ写されるかを見る．Γ の元 γ と添え字 j に対して，$\gamma R_j \Delta = \gamma(R_j \Delta)$ は,

$$\gamma(\Delta \cup R_j \Delta) = \gamma\Delta \cup \gamma(R_j \Delta)$$

であるから，$\gamma\Delta$ を $\partial_j(\gamma\Delta)$ に沿って鏡映により折り返した凸多面体である．Γ の任意の元は，適当な添え字の列 $j_1, \cdots j_s$ により $R_{j_1} \cdots R_{j_s}$ として表される．この元により Δ は

$$R_{j_1} \cdots R_{j_s} \Delta$$

に写る．上の観察の γ に $e, R_{j_1}, R_{j_1} R_{j_2}$, $\cdots$ を順次あてはめてゆけば，$R_{j_1} \cdots R_{j_s} \Delta$ は Δ を添え字の順序にしたがう面の列に沿って折り返して得られる凸多面体であることが分かる．

タイル張りと凸多面体 Δ の鏡映変換群による軌道との結び付きとして，たとえば 2 次元の場合，Δ の頂点での角が π を整数で割った数であるとき，その頂点を端点とする辺に沿った鏡映の合成による Δ の像が，局所的に頂点の

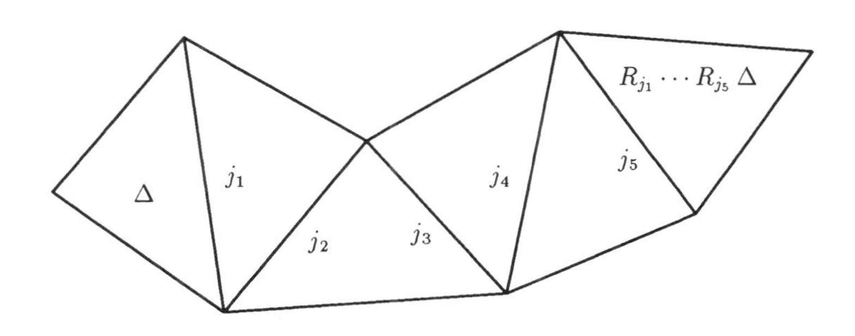

周りのタイル張りをあたえることがあげられる．Poincaré の定理は，このような角度に関する条件があれば，鏡映が大域的な X のタイル張りを生成することを主張する．

定理（Poincaré）：単純逆数条件 ⇒ タイル張り　Δ を X の凸多面体とする．Δ の任意の余次元 2 の面での面角が π を整数で割った数であるとき，

$$\bigcup_{\gamma\in\Gamma}\gamma\Delta$$

は X のタイル張りを定める．軌道空間 $\Gamma\backslash X$ は Δ と自然に同一視でき，とくに Γ は不連続群である．

主張は X のタイル張りの各タイルは鏡映変換群 Γ の元と 1 対 1 に対応することも含む．証明は Γ の群としての構造を知る必要がある．その基礎となる群の表示と Coxeter 群について解説し，Poincaré の定理を定式化しなおす．

群の表示　J を有限集合，$J^{-1}=\{a^{-1}|a\in J\}$，$J_*=J\cup J^{-1}$ とする．J_* の元を有限個（0 個も可）並べたものを J の語とよび，

$$w=(a_1,\cdots,a_s)$$

で表し，J の語全体の集合を $W(J)$ とおく．$W(J)$ に演算「·」を

$$(a_1,\cdots,a_s)\cdot(b_1,\cdots,b_t)=(a_1,\cdots,a_s,b_1,\cdots,b_t)$$

と定義すると「·」は結合法則をみたす．J の語の集合 $W(J)$ の上に，隣り合う文字が

$$(\cdots,a,a^{-1},\cdots)\quad または\quad(\cdots,a^{-1},a,\cdots)$$

のようになっているとき，a,a^{-1} または a^{-1},a の部分をとり除く，およびその逆，という操作により生成される同値関係をあたえ，その同値類の集合を $F(J)$ と書くと，「·」は $F(J)$ の上に群の条件をみたす演算を定める．このとき，群 $F(J)$ を J が生成する自由群という．

生成元の集合 J が指定された群 G に対し，J が生成する自由群 $F(J)$ をとる．$F(J)$ の任意の元は J の語 $w=(a_{i_1},\cdots,a_{i_s})$ として表される．w に対し

$$\psi(w)=a_{i_1}\cdots a_{i_s}$$

と定義することにより準同型

$$\psi: F(J)\to G$$

が得られる．ψ の核 $\mathrm{Ker}\,\psi=\{w\in F(J)\,|\,\psi(w)=e\}$ の元を $=e$ とおいたものを，J の元の間にある関係式とよぶ．部分集合 $Z\subset\mathrm{Ker}\,\psi$ は，Z を含む G の最小の正規部分群が $\mathrm{Ker}\,\kappa$ と一致するとき，G の J に関する基本関係であるという．J の元の間の関係式は，基本関係 Z の元の G の元による共役の積 $=e$ として表せる．基本関係を用いて群 G を

$$G=<J\,|\,r=e,\ \text{ただし}\ r\in Z>$$

と表すことを，G の生成元と基本関係式による表示という．

生成元の集合 J と基本関係 Z により上のように表示される群 G と，J_* から群 H への対応 $\psi: J_*\to H$ で $\psi(a^{-1})=\psi(a)^{-1}$ をみたすものがあたえられたとする．このとき基本関係 Z の任意の元 $r=a_{i_1}\cdots a_{i_s}$ に対して，$\psi(a_{i_1})\cdots\psi(a_{i_s})=e$ がなりたてば，G の任意の元 $w=a_{j_1}\cdots a_{j_t}$ に対して

$$\psi(w)=\psi(a_{j_1})\cdots\psi(a_{j_t})$$

と定義することにより準同型 $\psi: G\to H$ が定まる．すなわち生成元の対応は基本関係の元を単位元に写せば準同型に拡張する．

Coxeter 群 有限個の生成元の集合 $\{\sigma_1,\cdots,\sigma_m\}$ と，0 または正の整数 n_{ij}, $i,j=1,\cdots,m$ の組（ただし $n_{ii}=1$）を用いて

$$<\sigma_1,\cdots,\sigma_m\ |\,(\sigma_i\sigma_j)^{n_{ij}}=e,\ i,j=1,\cdots,m>$$

と表示される群を Coxeter 群という．$n_{ii}=1$ という条件は各生成元 σ_j の位

数が高々 2 であることを示すが，実は本当に 2 であることが証明できる．また $n_{ij}=0$ のときは，$(\sigma_i\sigma_j)^0$ は単位元を表すとし，無意味な関係式とみなす．

Coxeter 群は非常に広い範囲で存在する．Bourbaki には Coxeter 群に関する 1 冊がある．たとえば対称群は Coxeter 群である．また，第 II 章の最後で解説した 2 面体群も Coxeter 群であり，その表示は

$$< R_0, R_1 \,|\, R_0^2 = R_1^2 = (R_1R_0)^k = e >$$

であたえられる．

Poincaré の定理における Δ は，m 個の $(n-1)$ 次元面 $\partial_j\Delta$ からなっていた．$\partial_j\Delta$ を含む超平面を固定する鏡映変換 R_j の間には，すぐわかる関係式がいくつかある．まず R_j は鏡映変換であり

$$R_j^2 = e.$$

また余次元 2 の面で交わる 2 つの面 $\partial_i\Delta, \partial_j\Delta$ に対して，その面角を π/n_{ij} とすると，R_iR_j は固定点集合のまわにの $2\pi/n_{ij}$ の回転であるから

$$(R_iR_j)^{n_{ij}} = e.$$

その他の $i \neq j$ の組については $n_{ij}=0$，さらに $n_{ii}=1$ とおいて非負整数の組 $\{n_{ij}\}$ を定めると，$\Gamma =< R_1,\cdots,R_m >$ の生成元の間には $(R_iR_j)^{n_{ij}} = e$ という Coxeter 群の関係式がなりたつ．Poincaré の定理の証明は，この関係式が基本関係式であることも主張する．その部分だけを独立して定式化すると，つぎの定理を得る．

定理（Poincaré）：単純逆数条件 ⇒ Coxeter 群　$\partial_j\Delta$，$j=1,\cdots,m$ を $\partial\Delta$ の $n-1$ 次元面とする．$\partial_i\Delta$ と $\partial_j\Delta$ が余次元 2 の面で交わるとき，その面角がある整数 n_{ij} により π/n_{ij} で表せるとする．このとき，余次元 2 の面では交わらない $i \neq j$ については $n_{ij}=0$，$n_{ii}=1$ とおくと，Δ が生成する鏡映変換群 Γ は

$$\Gamma = < R_1,\cdots,R_m \,|\, (R_iR_j)^{n_{ij}} = e,\ i,j=1,\cdots,m >$$

と表示される Coxeter 群である.

Poincaré の定理の 2 つの定式化は表裏一体のものであり，§4 で同時に証明をあたえる.

§3. 3 角形群

3 角形 Poincaré の定理の証明はあと回しにし，X が 2 次元で，Δ が 3 角形の場合の状況を調べる．3 直線により囲まれ 3 頂点をもつ領域 $\triangle$ を，それぞれ X にしたがって Euclid，球面，双曲 3 角形とよぶ．双曲幾何学のときは頂点は理想頂点であってもよいとする.

$\triangle$ の内角を $\alpha_1, \alpha_2, \alpha_3$ とする．理想頂点では 0 であるとする．$\triangle$ が Euclid 3 角形のときは，$\alpha_1 + \alpha_2 + \alpha_3 = \pi$ がいつでもなりたつことは周知のことである.

補題：3 角形の内角和

(1) $\triangle$ が球面 3 角形のとき，$\{i, j, k\} = \{1, 2, 3\}$ に対して $\alpha_i + \alpha_j + \alpha_k > \pi > \alpha_i + \alpha_j - \alpha_k$．逆に，この不等式をみたす任意の $0 < \alpha_1, \alpha_2, \alpha_3 < \pi$ の組に対して，それらを内角とする球面 3 角形が等長変換を除いて一意的に存在する.

(2) $\triangle$ が双曲 3 角形のとき，$\alpha_1 + \alpha_2 + \alpha_3 < \pi$．逆に，この不等式をみたす任意の $0 \leq \alpha_1, \alpha_2, \alpha_3 < \pi$ の組に対して，それらを内角とする双曲 3 角形が等長変換を除いて一意的に存在する.

証明．球面 3 角形を構成する．北極を通り角度 α_1 で交わる 2 直線 ℓ_2, ℓ_3 を引く．さらに ℓ_1' を北極を通り ℓ_3 と α_2 で交わるように引く．この時点では ℓ_1' は ℓ_2 と $\pi - \alpha_1 - \alpha_2$ $(< \alpha_3)$ で交わる．ℓ_1' を ℓ_3 との角度を保存しながら ℓ_3 に沿って滑らせて行くと，ℓ_2 との角度は単調増大で $\pi + \alpha_1 - \alpha_2$ $(> \alpha_3)$ まで動く．したがって中間値の定理により求める 3 角形が得られる.

一方，任意の球面 3 角形は等長変換で 2 辺を ℓ_2, ℓ_3 に一致させることがで

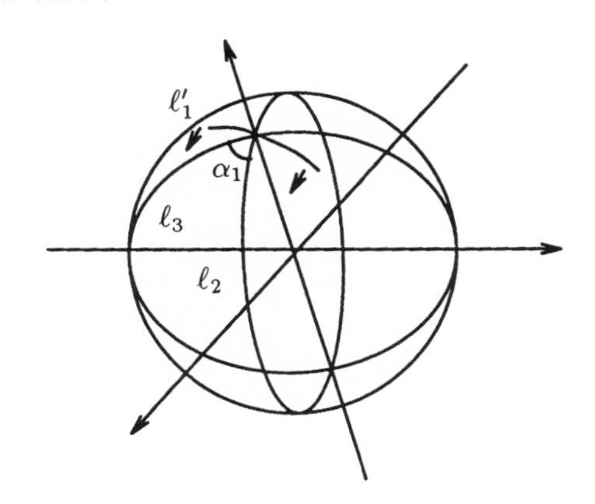

きる．したがって ℓ_1 が ℓ_2, ℓ_3 が囲む 2 角形の間に入ることから，不等式がなりたつ．角度の変化の単調性からそのような 3 角形は等長変換を除いて一意的である．

双曲 3 角形については，等角モデルである Poincaré 円板 $\mathbf{P}^2$ の上で同様の議論を行えばよい．ただし α_j のいずれかが 0 の場合は，$\mathbf{P}^2$ の境界の上の点を基点にする．詳細は演習とする．　□

3 角形群　Poincaré の定理の仮定をみたす 3 角形を列挙する．p, q, r を 2 以上の整数または ∞ とする．そこで 3 つの内角が $\pi/p, \pi/q, \pi/r$ である 3 角形を $\triangle_{(p,q,r)}$ と表す．この 3 角形の属する幾何学は下の表のように $\pi/p + \pi/q + \pi/r$ と π との大小関係で決まる．

幾何学	$\mathbf{S}^n$	$\mathbf{E}^n$	$\mathbf{H}^n$
$\pi/p + \pi/q + \pi/r$	$> \pi$	$= \pi$	$< \pi$
$\{p, q, r\}$	$\{2, 2, r\}$ $\{2, 3, 3\}$ $\{2, 3, 4\}$ $\{2, 3, 5\}$	$\{2, 2, \infty\}$ $\{2, 3, 6\}$ $\{2, 4, 4\}$ $\{3, 3, 3\}$	その他

$\triangle_{(p,q,r)}$ の生成する鏡映変換群を 3 角形群とよぶ．Euclid 幾何学に属す

る $\triangle_{(p,q,r)}$ の大きさはいろいろあるが，コンパクトな場合，相似類は正 3 角形と 3 角形定規に用いられる 3 角形の 3 つのみである．球面幾何学に属する $\triangle_{(p,q,r)}$ は 3 つと 1 種類で，[加藤 2] にはそれらのタイル張りの図が巻末にある．双曲幾何学に属する $\triangle_{(p,q,r)}$ は実に豊富にある．以下は，それぞれ三木一秀氏，佐藤勝憲氏がコンピュータに描かせたタイル張りの図である．

Poincaré の定理の条件はみたさないが，辺に関する鏡映変換群が不連続群になる 3 角形の例はある．3 つの内角が $\pi/2, \pi/2, 2k\pi/r$ （ただし k は r と互いに素な 2 以上の整数）である球面 3 角形 $\triangle$ は，$\Delta_{2,2,r}$ が生成する 3 角形群を生成する．とくに Poincaré の定理は，不連続性の十分条件をあたえるが，必ずしも必要ではない．

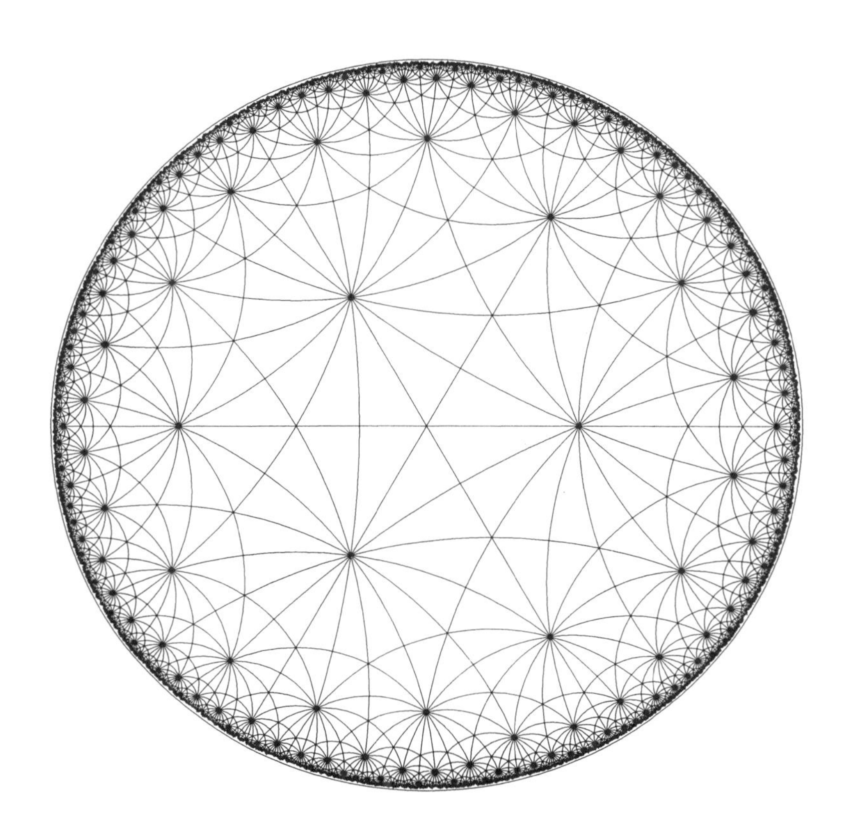

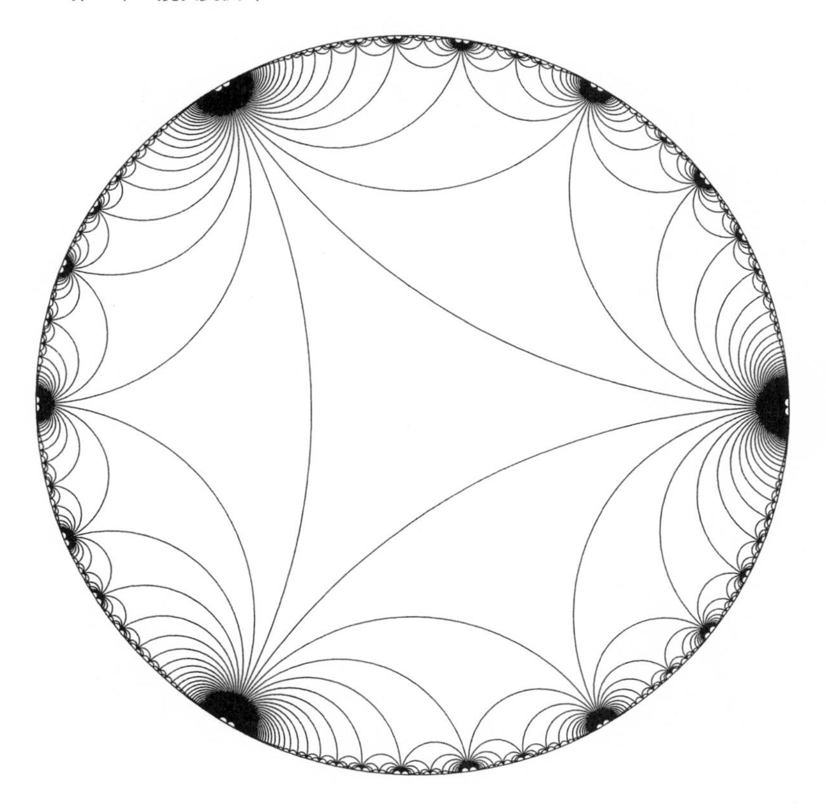

§4. Poincaré の 定 理 の 証 明

仮想タイル張りの構成　この節では，Poincaré の定理として定式化した2つの主張を，鏡映変換群 Γ により生成されるものと同じタイル張りを先に仮想的に構成し同時に証明する．Δ がコンパクトでない場合には議論が少し繁雑になるので，最初はコンパクトな場合を拾い読みするとよいかもしれない．

まず $\hat{\Gamma}$ を

$$< \hat{R}_1, \cdots, \hat{R}_m \,|\, (\hat{R}_i\hat{R}_j)^{n_{ij}} = e,\ i,j = 1, \cdots, m >$$

で表示される抽象的な群とする．$\hat{\Gamma}$ から Γ への $\hat{}$ をとり除く写像を

$$\psi_\Gamma : \hat{\Gamma} \to \Gamma$$

で表すと，ψ_Γ は $\hat{\Gamma}$ の基本関係の任意の元を Γ の単位元に写すので，準同型である．

Δ でタイル張りされる空間を $\hat{\Gamma}$ と Δ から構成する．$\hat{\Gamma}$ に離散位相をあたえ，直積 $\hat{\Gamma} \times \Delta$ を考える．$\hat{\Gamma} \times \Delta$ は $\hat{\Gamma}$ の元によりラベルづけられた Δ の集まりである．この上に関係 R を，その要素 $((\hat{\sigma}, y), (\hat{\tau}, z)) \subset (\hat{\Gamma} \times \Delta)^2$ は，$(\hat{\sigma}, y) = (\hat{\tau}, z)$，またはある $j = 1, \cdots, m$ に対して

$$y = z \in \partial_j \Delta, \quad \hat{\tau} = \hat{\sigma}\hat{R}_j$$

をみたすとして定める．R は反射律をみたすが，さらに $\hat{R}_j$ は位数 2 なので対称律もみたす．R が生成する同値関係を R$'$ とし，その商空間を

$$\hat{X} = \hat{\Gamma} \times \Delta / \mathrm{R}'$$

とする．

$\hat{X}$ は野生的な空間ではない．同一視は Δ の境界で行われているので，各 Δ の内点は $\hat{X}$ において独立であり，$\hat{X}$ は Δ によりタイル張りされる．Δ の内部 $\Delta - \partial\Delta$ は多様体であり，関係 R によりその構造は余次元 1 の面の内点のまわりには自然に延長される．しかし余次元が 2 以上の面のまわりの状況ははっきりしない．これを調べるため変換群の概念を拡張する必要がある．

位相変換群　群 G が位相空間でもあって，演算，および逆元を対応させる写像

$$\cdot : G \times G \to G$$
$$^{-1} : G \to G$$

がともに連続のとき，位相群であるという．

第 II 章の Lie 群の多様体への作用の定義において，G を位相群，X を位

相空間，写像の微分可能性を連続性におき換えたものを，位相群の位相空間への作用という．作用が指定された位相群と位相空間の組 (G, X) を位相変換群という．位相同変とは，写像を位相群の同型と位相同型の組におき換え，任意の群の元に対し変換の図式が可換であるときとする．変換群で用いる用語については，微分可能性に関係しないものは位相変換群でも意味をもつので，そのままつかうことにする．

$\hat{\Gamma}$ の $\hat{X}$ への作用　$\hat{\Gamma}$ と $\hat{X}$ の関係を Γ と X の関係と比べるため，作用および作用を比較する写像を定める．

まず，$\hat{\Gamma}$ の $\hat{X}$ への作用

$$\hat{\Gamma} \times \hat{X} \to \hat{X}$$

を，対応

$$\hat{\gamma}\,(\hat{\sigma}, y) = (\hat{\gamma}\hat{\sigma}, y)$$

により定める．この式が矛盾なく写像を定めるためには，$\hat{X}$ の点 $\hat{x}$ の行き先が，$\hat{x}$ の属する Δ のとりかたによらないことを確かめる必要がある．異なる $\hat{\sigma} \neq \hat{\tau}$ に対し，$\hat{x} \in \hat{X}$ が $(\hat{\sigma}, \Delta), (\hat{\tau}, \Delta)$ の双方に属しているとする．このとき Δ の点 y により $\hat{x} = (\hat{\sigma}, y)$ と表すと，同値関係の定義により，$\hat{\Gamma}$ の元の列 $\hat{\sigma} = \hat{\sigma}_1, \hat{\sigma}_2, \cdots, \hat{\sigma}_k = \hat{\tau}$ で，各 i に対して $\hat{R}_{j_i}$ として $\hat{\sigma}_{i+1} = \hat{\sigma}_i\,\hat{R}_{j_i}$ であり $(\hat{\sigma}_i, y)$ と $(\hat{\sigma}_{i+1}, y)$ が R により関係するものが存在する．各 i 段階で左から $\hat{\gamma}$ を掛けると，それぞれ $(\hat{\gamma}\hat{\sigma}_i, \Delta), (\hat{\gamma}\hat{\sigma}_{i+1}, \Delta)$ に写るが，これらの第 j_i 辺は同値関係の定義により同一視されるので $\hat{x}$ の像は確定し，写像が矛盾なく定まる．

$\hat{\Gamma}$ は離散位相により位相群とみなすと，写像の連続性，群の結合法則が確かめられ，$(\hat{\Gamma}, \hat{X})$ は位相変換群となる．軌道空間 $\hat{\Gamma}\backslash\hat{X}$ は自然に Δ と同一視でき，$\hat{\Gamma}$ の作用は固有不連続である．

$(\hat{\Gamma}, \hat{X})$ を (Γ, X) と比較する写像

$$\varphi_\Gamma : \hat{X} \to X$$

を，対応

$$\varphi_\Gamma(\hat{\sigma}, x) = \sigma x$$

により定める．これが矛盾なく連続写像を定めることは，上と同様の方法で確かめられる．また，任意の $\hat{\gamma} \in \hat{\Gamma}$ に対して，図式

$$\begin{array}{ccc}
\hat{X} & \xrightarrow{\varphi_\Gamma} & X \\
{\scriptstyle \hat{\gamma}}\big\downarrow & & \big\downarrow{\scriptstyle \psi_\Gamma(\hat{\gamma})=\gamma} \\
\hat{X} & \xrightarrow{\varphi_\Gamma} & X
\end{array}$$

は可換である．

Poincaré の定理の証明の主要な部分はつぎの命題に集約される．

命題：φ_Γ は位相同型　φ_Γ は位相同型である．

まず，この命題を仮定して Poincaré の定理を示す．

補題：φ_Γ が位相同型ならば $(\psi_\Gamma, \varphi_\Gamma)$ は位相同変　φ_Γ が位相同型であれば，$(\psi_\Gamma, \varphi_\Gamma)$ は位相同変写像である．Poincaré の定理の主張はこれよりただちにしたがう．

証明．任意の $\hat{\gamma} \in \hat{\Gamma}$ に対して図式は可換であるから，ψ_Γ が同型であることをいえばよい．ψ_Γ は定義により全射準同型である．単射であることを示すため，$(\hat{\sigma}, \Delta)$ の任意の内点を $\hat{x}$ とすると，単位元ではない元 $\hat{\gamma} \in \hat{\Gamma}$ に対して $\hat{\gamma}\hat{x} \neq \hat{x}$．仮定より φ_Γ が位相同型だから

$$\varphi_\Gamma(\hat{x}) \neq \varphi_\Gamma(\hat{\gamma}\hat{x}) = \psi_\Gamma(\hat{\gamma})\varphi_\Gamma(\hat{x})$$

となり $\psi_\Gamma(\hat{\gamma}) \neq e$．したがって ψ_Γ は単射．以上から $(\psi_\Gamma, \varphi_\Gamma)$ は位相同変写像である．

Poincaré の定理の主張について，$\hat{\Gamma}$ の作用は $\hat{X}$ の Δ によるタイル張りを定めるので，Γ の作用は X の Δ によるタイル張りを定める．$\hat{\Gamma}$ の $\hat{X}$ への作用が固有不連続であり，Γ の X への作用もそうである．また ϕ_Γ が同型であるから，Γ は定理に示された表示をもつ Coxeter 群である．　□

タイルの和による被覆　命題の証明には，以下で定義する $\hat{X}$ のタイル張りを利用した被覆を用いる．$\hat{X}$ の点 $\hat{x}$ に対し，$(\hat{\sigma}, \Delta)$ が $\hat{x}$ を含むような $\hat{\Gamma}$ の元 $\hat{\sigma}$ の集まりを

$$\hat{\Sigma} = \{\hat{\sigma} \in \hat{\Gamma} \mid \hat{x} \in (\hat{\sigma}, \Delta)\}$$

とする．さらに各 $(\hat{\sigma}, \Delta)$ から $\hat{x}$ を含まない面を除いた部分を $(\hat{\sigma}, \Delta)^\circ$ とし，その和による開集合を

$$U_{\hat{x}} = \bigcup_{\hat{\sigma} \in \hat{\Sigma}} (\hat{\sigma}, \Delta)^\circ$$

とする．$U_{\hat{x}}$ は，Δ が球面幾何学の頂点を 2 つだけもつ多面体で $\hat{x}$ がその一方のときを除くと，$\cup_{\hat{\sigma} \in \hat{\Sigma}} (\hat{\sigma}, \Delta)$ の内点による開集合である．特別な場合は，Δ が $\hat{x}$ の対称点 $-\hat{x}$ をもう 1 つの頂点として含み，$U_{\hat{x}}$ は $\cup_{\hat{\sigma} \in \hat{\Sigma}} (\hat{\sigma}, \Delta)$ から $-\hat{x}$ を除いた開集合である．これらによる開集合の族

$$\mathcal{C}_0 = \{U_{\hat{x}} \mid \hat{x} \in \hat{X}\}$$

は $\hat{X}$ の開被覆である．

Δ が双曲多面体で，理想頂点 x をもつときは，被覆にさらに要素を加える．x は Δ の点ではないので $\hat{X}$ には対応する点はない．そこで $\hat{X}$ の定義を拡張する．Δ に $\mathbf{K}^n_\infty$ にある理想頂点 $x_1, \cdots, x_k$ をつけ加え

$$\Delta_* = \Delta \cup x_1, \cup \cdots \cup x_k$$

とし，$\Delta_* \subset \mathbf{K}^n \cup \mathbf{K}^n_\infty$ から決まる相対位相をあたえる．$\hat{\Gamma} \times \Delta_*$ に前と同様に同値関係を定め，商空間を $\hat{X}_*$ とする．開集合族 $\mathcal{C}_0$ はそのまま定義され，同じものを定める．$\hat{X}_\infty = \hat{X}_* - \hat{X}$ の各点を $\hat{X}$ の理想頂点とよび，各理想頂点 $\hat{x}$ に対し，$(\hat{\sigma}, \Delta_*)$ が $\hat{x}$ を含むような $\hat{\sigma}$ の集合を

$$\hat{\Sigma} = \{\hat{\sigma} \in \hat{\Gamma} \mid \hat{x} \in (\hat{\sigma}, \Delta_*)\}$$

とし，さらに $\cup_{\hat{\sigma} \in \Sigma} (\hat{\sigma}, \Delta)$ の内点を

$$U_{\hat{x}} = \bigcup_{\hat{\sigma} \in \Sigma} (\hat{\sigma}, \Delta) - \partial \left(\bigcup_{\hat{\sigma} \in \Sigma} (\hat{\sigma}, \Delta) \right)$$

とする．$U_{\hat{x}}$ は $\hat{X}$ の頂点 $\hat{x}$ の近傍と考えられる．$U_{\hat{x}}$ による $\hat{X}$ の開集合の族を

$$\mathcal{C}_\infty = \{U_{\hat{x}} \mid \hat{x} \in \hat{X}_\infty\}$$

とすると，$\mathcal{C}_0 \cup \mathcal{C}_\infty$ は $\hat{X}$ の開被覆である．

異なる点 $\hat{x} \neq \hat{x}'$ が $\hat{X}_*$ の Δ_* による分割の同じ面の内点である場合は $U_{\hat{x}} = U_{\hat{x}'}$ である．$\hat{X}_*$ の Δ_* による分割の各次元の各面に代表点を指定し，それらすべての点について $U_{\hat{x}}$ を集めた集合族は，局所有限な $\mathcal{C}_0 \cup \mathcal{C}_\infty$ の部分被覆

$$\mathcal{C} \subset \mathcal{C}_0 \cup \mathcal{C}_\infty$$

を定める．$\mathcal{C}$ の各要素はすくなくとも 1 つの $(\hat{\sigma}, \Delta)$ の内点を含むのであまり小さくはない．一方，$\hat{x}$ が頂点のときが最大であるが，$\hat{x}$ に関わる $(\hat{\sigma}, \Delta)$ の和となりあまり大きくもない．

この節の残りをつかって，命題をいくつかの段階に分け証明する．被覆空間のことを知っている読者には，φ_Γ が被覆写像であることを示す，と端的にいうことができるが，ここでは被覆空間の一般論は記さない．興味のある読者はたとえば [Singer-Thorpe] などを参照してほしい．

補題：2 次元で φ_Γ は局所位相同型　$n = 2$ のとき，任意の $U_{\hat{x}} \in \mathcal{C}$ に対して，$\varphi_\Gamma|_{U_{\hat{x}}} : U_{\hat{x}} \to \varphi_\Gamma(U_{\hat{x}}) \subset X$ は位相同型．

証明．$\hat{x}$ が $(\hat{\sigma}, \Delta)$ の内点であるときは，$U_{\hat{x}}$ は $(\hat{\sigma}, \Delta)$ の内点の集合であるから，φ_Γ の定義により正しい．

$\hat{x}$ が $(\hat{\sigma}, \Delta)$ の 1 次元面 $(\hat{\sigma}, \partial_j \Delta)$ の内点であるとする．$\hat{x}$ を含む他の 2 次元面は $(\hat{\sigma}\hat{R}_j, \partial_j \Delta)$ にかぎられ，$U_{\hat{x}}$ は $(\hat{\sigma}, \Delta) \cup (\hat{\sigma}\hat{R}_j, \Delta)$ の内点の集合である．一方，

$$\begin{aligned}\varphi_\Gamma((\hat{\sigma}, \Delta) \cup (\hat{\sigma}\hat{R}_j, \Delta)) &= \sigma\Delta \cup \sigma R_j \Delta \\ &= \sigma(\Delta \cup R_j \Delta)\end{aligned}$$

であり，$\Delta \cup R_j \Delta$ は Δ とそれを第 j 辺に沿って折り返したものの和である

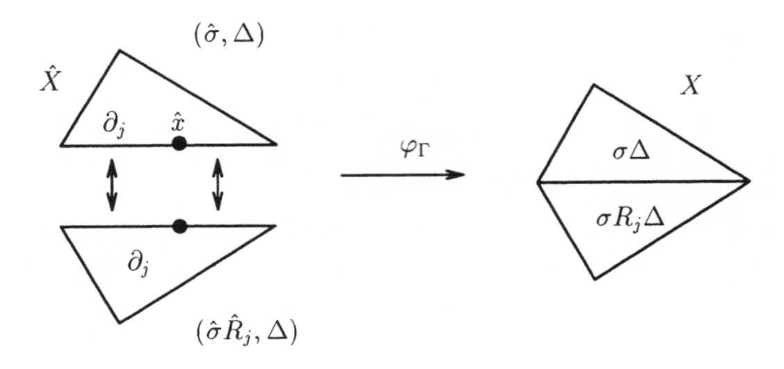

から，とくに φ_Γ は $U_{\hat{x}}$ で位相同型.

$\hat{x}$ を $(\hat{\sigma}, \Delta)$ の $(\hat{\sigma}, \partial_i\Delta)$ と $(\hat{\sigma}, \partial_j\Delta)$ が交わる頂点とする.

$$\hat{\Gamma}' = \{\hat{R}_i, \hat{R}_i\hat{R}_j, \hat{R}_i\hat{R}_j\hat{R}_i, \cdots, (\hat{R}_i\hat{R}_j)^{n_{ij}}(=e)\}$$

とし $\hat{\sigma}\hat{\Gamma}' = \hat{\Sigma}$ とおくと，定義により $U_{\hat{x}}$ を構成する $\hat{\Gamma}$ の元は $\hat{\Sigma}$ を含む．一方，$\{(\hat{\tau}, \Delta) \,|\, \hat{\tau} \in \hat{\Sigma}\}$ の境界の貼り合わせにより $\hat{x}$ は内点になるので，$\hat{\Sigma}$ 以外の元 $\hat{\tau} \in \hat{\Gamma}$ を含まない．したがって $\hat{\Sigma}$ が $U_{\hat{x}}$ を構成する $\hat{\Gamma}$ の元の集合である．また各 $\hat{\tau} \in \hat{\Sigma}$ に対し，$\varphi_\Gamma((\hat{\tau}, \Delta)) = \tau\Delta$ は $\varphi_\Gamma(\hat{x})$ のまわりに角度 π/n_{ij} の楔として並び，像はおのおの異なるので $\hat{\Sigma}$ の表示は $\hat{\Gamma}$ の元として重複がない．そこで

$$\psi_\Gamma(\hat{\Sigma}) = \Sigma$$

とおけば，φ_Γ は $\cup_{\hat{\tau}\in\hat{\Sigma}}(\hat{\tau}, \Delta)$ から $\cup_{\tau\in\Sigma}\tau\Delta$ への位相同型である．とくに，

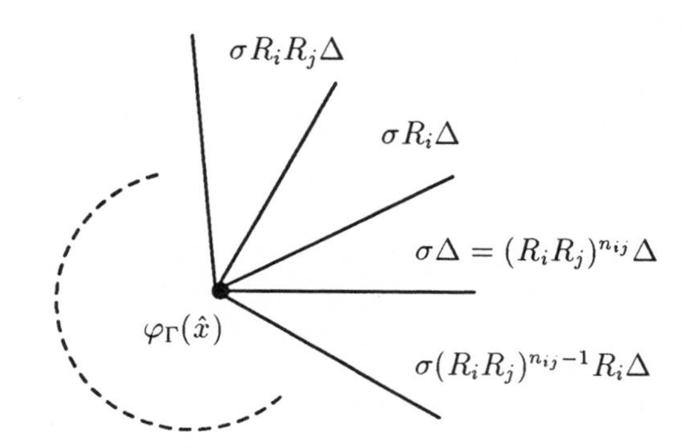

$U_{\hat{x}}$ への制限も位相同型である．

$\hat{x}$ が $(\hat{\sigma}, \Delta_*)$ の $(\hat{\sigma}, \partial_i \Delta_*)$ と $(\hat{\sigma}, \partial_j \Delta_*)$ が交わる理想頂点とする．

$$\hat{\Gamma}' = \{\cdots, \hat{R}_j \hat{R}_i, \hat{R}_j, e, \hat{R}_i, \hat{R}_i \hat{R}_j, \cdots\}$$

とし $\hat{\Sigma} = \hat{\sigma}\hat{\Gamma}'$ とすると，$U_{\hat{x}}$ を構成する $\hat{\Gamma}$ の元の集合は $\hat{\Sigma}$ を含む．一方，$\{(\hat{\tau}, \Delta_*) \mid \hat{\tau} \in \hat{\Sigma}\}$ を貼り合わせることにより $\hat{x}$ は1次元面の上にはなくなるので，$\hat{\Sigma}$ 以外の元 $\hat{\tau} \in \hat{\Gamma}$ を含まない．したがって $\hat{\Sigma}$ が $U_{\hat{x}}$ を構成する $\hat{\Gamma}$ の元の集合である．また各 $\hat{\tau} \in \hat{\Sigma}$ に対し，$\varphi_\Gamma((\hat{\tau}, \Delta)) = \tau\Delta$ は Beltrami モデルを用い $\varphi_\Gamma(\hat{x}) = \infty$ とすると，∞ の近くでは垂直な平行線で囲まれる領域として並び，像はおのおの異なるので，$\hat{\Sigma}$ の表示は $\hat{\Gamma}$ の元として重複がない．そこで

$$\psi_\Gamma(\hat{\Sigma}) = \Sigma$$

とおけば，φ_Γ は $\cup_{\hat{\tau} \in \hat{\Sigma}} (\hat{\tau}, \Delta)$ から $\cup_{\tau \in \Sigma} \tau\Delta$ への位相同型である．とくにその開集合である $U_{\hat{x}}$ への制限も位相同型である．　□

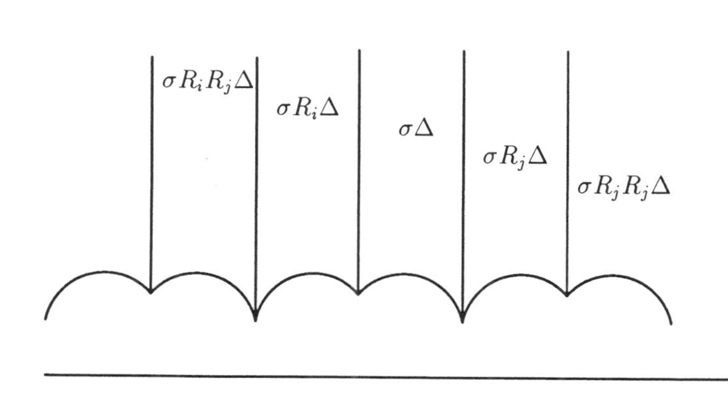

つぎに，一般の次元でこの性質を仮定して，より細かな φ_Γ の一様性を示す．

補題：φ_Γ が局所位相同型ならば $\varphi_\Gamma(\mathcal{C})$ は一様被覆　φ_Γ が $\mathcal{C}$ の任意の要素の上で像への位相同型とする．このとき Δ に依存した正の定数 ε が存在して，任意の $\hat{x} \in \hat{X}$ に対し，$\varphi_\Gamma(\hat{x})$ の ε 近傍は，$\hat{x}$ を含む $\mathcal{C}$ のある要素 U_λ の φ_Γ による像 $\varphi_\Gamma(U_\lambda)$ に含まれる．

証明．$\mathcal{C}$ は局所有限であるから，点 $\hat{x} \in \hat{X}$ を含む $\mathcal{C}$ の要素を $U_1, \cdots, U_k$ とする．仮定により $\varphi_\Gamma(\hat{x}) = x$ は $\varphi_\Gamma(U_j) \subset X$ の内点であり，x の開球近傍が $\varphi_\Gamma(U_j)$ のなかに含まれる．その半径の最大値を ε_j とする．

$$\varepsilon(\hat{x}) = \max\{\varepsilon_1, \cdots, \varepsilon_k\}$$

とおく．各 ε_j は x が U_j のなかを動くとき連続に動く．また，その範囲を越えて x が動き被覆の要素が変わるとき，生じるまたは消滅する ε_j は最大値には関係しないので $\varepsilon(\,)$ は $\hat{X}$ 上の正値連続関数となる．一方 φ_Γ の定義により，任意の $\hat{\gamma} \in \hat{\Gamma}$ に対して

$$\varepsilon(\hat{\gamma}\hat{x}) = \varepsilon(\hat{x})$$

がなりたつ．とくに関数 $\varepsilon(\,)$ は $\hat{\Gamma}\backslash\hat{X} = \Delta$ 上の正値連続関数を誘導する．

そこで主張を否定し，$\varepsilon(\,)$ の値がいくらでも 0 に近づくと仮定する．$\varepsilon(\,)$ は Δ 上の関数であり，Δ はコンパクトではありえない．さらに $\partial\Delta$ 上の点は正の $\varepsilon(\,)$ の値をとるので，$\Delta \subset \hat{X}$ の無限遠に逃げる点列 $\hat{x}_j$ で $\varepsilon(\hat{x}_j)$ が $j \to \infty$ のとき 0 に収束するものが存在する．とくに $\hat{x}_j$ 中心の Δ 内に含まれる球の半径の最大値は 0 に収束する．これより Δ は双曲多面体であり，$\hat{x}_j$ は Δ のある理想頂点 $\hat{x}$ に収束する部分列を含む．ところが，$U_{\hat{x}}$ が含む $\hat{x}_j$ 中心の球体の半径は $j \to \infty$ のとき ∞ に発散する．これは $\varepsilon(\hat{x}_j)$ が 0 に収束することに矛盾する．　□

一様性をつかって φ_Γ が位相同型であることを導く．

補題：$\varphi_\Gamma(\mathcal{C})$ が一様被覆ならば φ_Γ は位相同型　φ_Γ が $\mathcal{C}$ の任意の要素の上で位相同型とすると，φ_Γ は $\hat{X}$ で位相同型．

証明．仮定より前の補題の結論がなりたつので，一様性が保証する定数を ε とし，φ_Γ が全単射であることを示す．これが示せれば，φ_Γ は局所位相同型であるから開写像であり十分．

もし φ_Γ が全射でないとすると，X の点 x で任意の近傍が $\varphi_\Gamma(\hat{X})$ とその補空間の点を同時に含むものが存在する．x の近傍として $\varepsilon/2$ の開球 U をとると，そのなかの $\varphi_\Gamma(\hat{X})$ の点の ε 近傍は U を含む．ところが，U は $\varphi_\Gamma(\hat{X})$ の補空間の点を含み ε の性質に矛盾．

単射であることを示すため，いくつか準備をする．X 上に 2 点 x, y をとり，直線 $\ell(t) : [0,s] \to X$ で結ぶ．ただし $\ell(0) = x, \ell(s) = y$．さらに $\varphi_\Gamma(\hat{x}) = x$ となる $\hat{X}$ の点 $\hat{x}$ を固定する．連続写像 $\hat{\ell}(t) : [0,s] \to \hat{X}$ で任意の時刻 $t \in [0,s]$ に対して

$$\varphi_\Gamma(\hat{\ell}(t)) = \ell(t)$$

となるものを ℓ のもち上げという．

まず $\hat{\ell}(0) = \hat{x}$ となるもち上げが一意的に存在することを示す．定義区間 $[0,s]$ を細かく分割：

$$0 = s_0 < s_1 < \cdots < s_k = s$$

して，各 $\ell([s_{j-1}, s_j])$ の長さが ε 以下になるようにする．ε の性質により，$\hat{x}$ を含む $\mathcal{C}$ の要素 U で，φ_Γ による像が $\ell([s_0, s_1])$ を含むものが存在する．φ_Γ は U の上では位相同型であり，その逆写像により $\hat{\ell}$ を $[s_0, s_1]$ 上

$$\hat{\ell}(t) = (\varphi_\Gamma|U)^{-1}\ell(t)$$

と定めることにする．この構成は $\ell([s_1, s_2])$ と $\hat{\ell}(s_1)$ に対して同様に行うことができ，同じ操作を続けて $\hat{\ell}$ は $[0,s]$ 上定義でき，任意の時刻 $t \in [0,s]$ に対して $\varphi_\Gamma(\hat{\ell}(t)) = \ell(t)$，$\hat{\ell}(0) = \hat{x}$ がなりたつ．$\hat{\ell}$ の一意性を確かめるため，もう 1 つ $\hat{\ell}'$ があったとする．このとき

$$t_0 = \inf\{t \in [0,s] \,|\, \hat{\ell}(t) \neq \hat{\ell}'(t)\}$$

とすると，φ_Γ は $\ell(t_0)$ の近傍で単射ではない．これは仮定に矛盾．したがってもち上げが一意的に決まる．

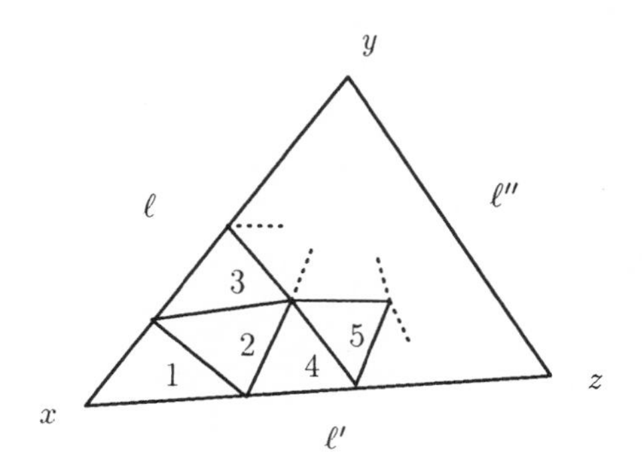

つぎに X 上の 3 点 x, y, z を直線で結んだ 3 角形 $\triangle$ を考える．x, y を結ぶ直線を $\ell : [0, s] \to X$，x, z を結ぶ直線を $\ell' : [0, s'] \to X$，y, z を結ぶ直線を $\ell'' : [0, s''] \to X$ とする．このとき $\varphi_\Gamma(\hat{x}) = x$ をみたす $\hat{X}$ の点 $\hat{x}$ を 1 つ固定すると，直線 ℓ, ℓ' は始点を $\hat{x}$ とする線分 $\hat{\ell}, \hat{\ell}'$ にもち上がる．さらに ℓ'' は $\hat{\ell}(s')$ を始点とする線分 $\hat{\ell}''$ にもち上がる．ここで線分 $\hat{\ell}, \hat{\ell}', \hat{\ell}''$ が $\hat{X}$ で 3 角形を囲み，$\hat{\ell}'$ の終点と $\hat{\ell}''$ の終点は一致することを示す．X の 3 角形 $\triangle$ を細かく 3 角形に分割して，それぞれのいちばん長い辺の長さが ε 以下となるようにする．このような 3 角形片は 1 箇所もち上がり先を決めておくと，直線の場合と同様に一意的なもち上がりが決まる．そこで 3 角形片に，x を含む 3 角形を 1 番とし，ある番までの和が穴が開かないように順番をつける．x のもち上がり先を $\hat{x}$ とすると，順番にしたがい各 3 角形片が連接して一意的に $\hat{X}$ にもち上がり，結局 $\triangle$ が $\hat{X}$ にもち上がる．境界は $\hat{\ell}, \hat{\ell}', \hat{\ell}''$ であり，とくに $\hat{\ell}'$ と $\hat{\ell}''$ の終点は一致する．

以上の準備により φ_Γ が単射であることを示す．$\hat{X}$ の 2 点 $\hat{x}, \hat{y}$ が

$$\varphi_\Gamma(\hat{x}) = x = \varphi_\Gamma(\hat{y})$$

とする．$\hat{X}$ は孤状連結であるから，$\hat{x}$ と $\hat{y}$ は，各 (σ, Δ) のなかでは直線となる折れ線運動 $\mathrm{p}(t) : [0, 1] \to \hat{X}$ により結ぶことができる．$\varphi_\Gamma(\mathrm{p}([0, 1]))$ は X

の閉じた折れ線を定める．その各頂点を x から順番に $x = x_0, x_1, \cdots, x_k = x$ とし，それぞれから x へ直線を引き， x_0, x_j, x_{j+1} を頂点とする X の 3 角形 $\triangle_j$ をつくる．前の観察により，各 $\triangle_j$ は頂点 x_0 が $\hat{x}$ となるように一意的にもち上がり，しかも隣り合う $\triangle_j, \triangle_{j+1}$ は連接してもち上がるので，それらの x_0 を含まない辺は線分 $\mathrm{p}(t)$ の上にある．とくに $\mathrm{p}(t)$ は閉じた折れ線であり $\hat{x} = \mathrm{p}(0) = \mathrm{p}(1) = \hat{y}$. したがって φ_Γ は単射である． □

命題： φ_Γ は位相同型，の証明　次元に関する帰納法を用いる． $n = 2$ のときは，これまでの補題を合わせればよい． X の次元が $n-1 \geq 2$ のときまで命題の帰結である Poincaré の定理が正しいと仮定し，任意の $U_{\hat{x}} \in \mathcal{C}$ に対して， $\varphi_\Gamma|_{U_{\hat{x}}} : U_{\hat{x}} \to \varphi_\Gamma(U_{\hat{x}}) \subset X$ は位相同型であることを示す．

$\hat{x}$ が $(\sigma, \Delta) \subset \hat{X}$ の内点であれば， $U_{\hat{x}}$ は (σ, Δ) の内点で φ_Γ の定義により主張は自明．そこでまず $\hat{x}$ が $(\hat{\sigma}, \partial_{j_1}\Delta), \cdots, (\hat{\sigma}, \partial_{j_s}\Delta)$ 上の点で，さらにそれら以外の $(\hat{\sigma}, \Delta)$ の余次元 1 の面には含まれていないとする． $\partial_{j_1}\Delta, \cdots, \partial_{j_s}\Delta$ を含む超平面が囲む， Δ を含む 凸多面体を Δ' とし， $R_{j_1}, \cdots, R_{j_s}$ が生成する Γ の部分群を

$$\Gamma' = < R_{j_1}, \cdots, R_{j_s} >$$

とする． Γ' は Δ' が生成する鏡映変換群で $y = \sigma^{-1}\varphi_\Gamma(\hat{x})$ を固定する．この接表現 $D_y(\Gamma')$ と T_yX の組

$$(D_y(\Gamma'), T_yX)$$

は n 次元 Euclid 空間の原点を固定する鏡映変換群であり， Euclid 幾何学の Δ' が生成する鏡映変換群と本質的に同じである． Δ' を平行移動で y が原点になるように移したものを Δ'' とする．単位球への制限 $\Delta'' \cap \mathbf{S}^{n-1}$ は球面幾何学の鏡映変換群

$$(D_y(\Gamma'), \mathbf{S}^{n-1})$$

を生成する．球面多面体 $\Delta'' \cap \mathbf{S}^{n-1}$ の各余次元 2 の面での面角は対応する Δ の面角と同じであり， π を整数で割った数である．したがって帰納法の仮定より， $D_y(\Gamma')$ は $\mathbf{S}^{n-1}$ の $\Delta'' \cap \mathbf{S}^{n-1}$ によるタイル張りを定め， $D_y(\Gamma')$ は Coxeter 群になる．とくに Γ' は $R_{j_1}, \cdots R_{j_s}$ が生成する Coxeter 群で，基本

関係は Coexter 群の関係で尽くされる．

そこで $\hat{R}_{j_1},\cdots \hat{R}_{j_s}$ が生成する $\hat{\Gamma}$ の部分群を

$$\hat{\Gamma}' =< \hat{R}_{j_1},\cdots \hat{R}_{j_s} >$$

とすると，ψ_Γ の $\hat{\Gamma}'$ への制限は，R_{j_m} を $\hat{R}_{j_m}$ に対応させる逆準同型をもつので Γ' への同型になる．$U_{\hat{x}}$ を構成する $\hat{\Gamma}$ の元は $\hat{\Sigma} = \hat{\sigma}\hat{\Gamma}'$ を含むが，一方 $\{(\hat{\tau},\Delta)\,|\,\hat{\tau}\in\hat{\Sigma}\}$ の境界の貼り合わせにより $\hat{x}$ は内点になるので，$\hat{\Sigma}$ 以外の元 $\hat{\tau}\in\hat{\Gamma}$ を含まない．したがって $\hat{\Sigma}$ が $U_{\hat{x}}$ を構成する $\hat{\Gamma}$ の元の集合である．$\Sigma = \psi_\Gamma(\hat{\Sigma}) = \sigma\Gamma'$ とおけば，φ_Γ は $\cup_{\hat{\tau}\in\hat{\Sigma}}(\hat{\tau},\Delta)$ から $\cup_{\tau\in\Sigma}\tau\Delta$ への位相同型である．とくに $U_{\hat{x}}$ への制限も位相同型である．

最後に $\hat{x}$ が $(\hat{\sigma},\Delta_*)$ の理想頂点で，$(\hat{\sigma},\partial_{j_1}\Delta_*),\cdots,(\hat{\sigma},\partial_{j_s}\Delta_*)$ が $\hat{x}$ を含む $(\hat{\sigma},\Delta_*)$ の余次元 1 の面のすべてとする．$\partial_{j_1}\Delta_*,\cdots,\partial_{j_s}\Delta_*$ を含む超平面が囲む，Δ を含む 凸多面体を Δ' とし，$R_{j_1},\cdots,R_{j_s}$ が生成する Γ の部分群を

$$\Gamma' =< R_{j_1},\cdots,R_{j_s} >$$

とする．Beltrami モデル $\mathbf{B}^n$ で $\varphi_\Gamma(\hat{x})$ が無限遠点 ∞ になるようにおくと，Δ' は垂直に延びる超平面を境界とする Euclid 多面体と $\mathbf{B}^n$ の共通部分であり，Γ' は Δ' が生成する ∞ を固定する鏡映変換群である．Γ' は本質的に Euclid 幾何学の Δ' が生成する鏡映変換群と同じである．その Euclid 空間 $\mathbf{E}^{n-1} = \{x\in\mathbf{B}^n\,|\,x_n = 1\}$ への制限 $\Delta'\cap\mathbf{E}^{n-1}$ は Euclid 幾何学の鏡映変換群

$$(\Gamma',\mathbf{H}^{n-1})$$

を生成する．Euclid 多面体 $\Delta'\cap\mathbf{E}^{n-1}$ の各余次元 2 の面での面角は対応する Δ の面角と同じであり，π を整数で割った数である．したがって帰納法の仮定より，Γ' は $\mathbf{E}^{n-1}$ の $\Delta'\cap\mathbf{E}^{n-1}$ によるタイル張りを定める．また Γ' は $R_{j_1},\cdots R_{j_s}$ が生成する Coxeter 群で，基本関係は Coexter 群の関係で尽くされる．あとは前とまったく同じ議論で $\varphi_\Gamma|_{U\hat{x}}$ が像への位相同型であることが示せる．　□

第V章

等角多角形の形

すべての角が一定であるようなEuclid 多角形の合同類全体の集合は自然に位相が入り，位相空間と思うことができる．Thurston は，その商である相似類の空間が双曲多面体の内部と同一視できることを観察し，多角形の上に蝶変形という操作を定め鏡映変換群の話に結びつけた．この章ではその結びつきの詳細を紹介する．

§1. 蝶 変 換

一般化された等角多角形　n を5以上の整数とする．等角 n 角形に対し，ある辺に着目してその部分を図のように蝶型の図形でおき換える操作を蝶変形とよぶ．

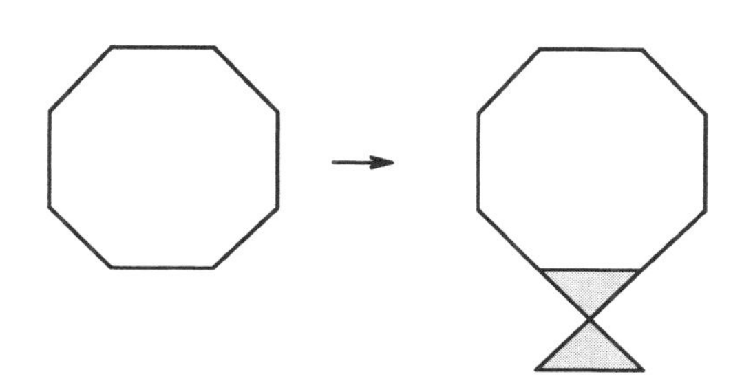

等角 n 角形 P を複素平面 $\mathbf{C}$ の上におき，各辺には反時計まわりにラベルを $0,1,\cdots,n-1$ とつけ，第 0 辺と第 $(n-1)$ 辺が交わる頂点が原点 $\mathbf{O}$ にあり，第 0 辺は実軸上の正の向きに延びる線分であるようにする．辺の長さをラベルの順に $x_0,\cdots,x_n$ とし，ベクトル $(x_0,\cdots x_{n-1}) \in \mathbf{R}^n$ をつくる．このベクトルは，P が等角 n 角形であるため，

$$x_0 + x_1\zeta_n + \cdots + x_{n-1}\zeta_n^{n-1} = 0$$

という関係をみたさなければならない．ただし $\theta_n = 2\pi/n$，$\zeta_n = \exp(i\,\theta_n)$ で，$i = \sqrt{-1}$ は虚数単位を表す．逆に，この関係をみたす正の成分からなるベクトル $(x_0,\cdots,x_{n-1}) \in \mathbf{R}^n$ は，第 j 成分を第 j 辺の長さとする Euclid 平面の等長変換を除いて一意的な等角 n 角形を定める．

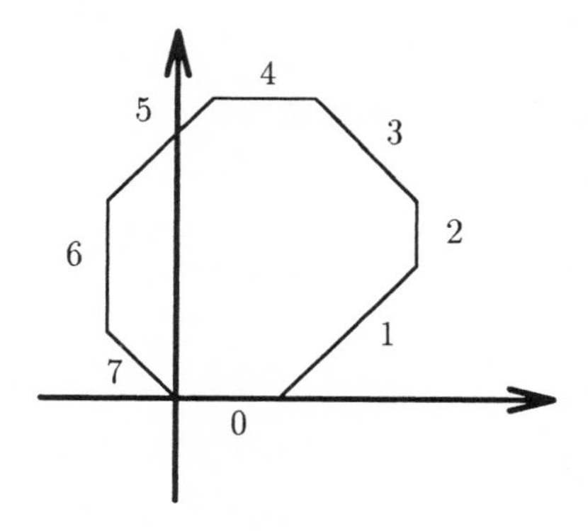

蝶変形を施した結果，通常の n 角形ではない n 辺形が生じる．これも記述するには，負の長さの辺を許すのがうまい考えである．そこで

$$\mathcal{E}_n = \{x \in \mathbf{R}^n \mid x_0 + x_1\zeta_n + \cdots + x_{n-1}\zeta_n^{n-1} = 0\}$$

とおくと，$\mathcal{E}_n$ は辺にラベルと符号がついた等角 n 角形の合同類の集合と思える．ここでは辺につねにラベルと符号がついているものとし，$\mathcal{E}_n$ の点により表される図形を一般化された等角 n 角形とよぶ．すべての辺の長さが正の数のとき，とくに本当の等角 n 角形とよぶ．

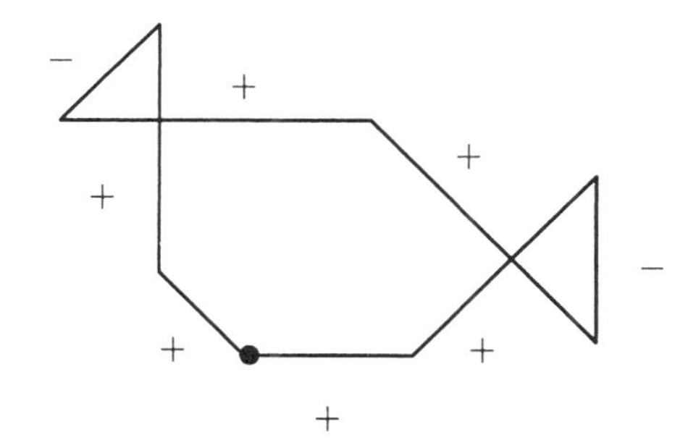

蝶変形は一般化された等角 n 角形に対しても同様に定義することができ，$\mathcal{E}_n$ 上の変換を定める．これを蝶変換とよび，第 j 辺に関する蝶変換を R_j で表す．

補題：蝶変換は線型対合　蝶変換 R_j は線型変換であり，$R_j^{-1} = R_j$.

証明．添字を n を法として考えると，蝶変換 R_j は

$$\begin{cases} x_{j-1} \to x_{j-1} + \dfrac{x_j}{\cos\theta_n}, \\ \quad x_j \to -x_j, \\ x_{j+1} \to x_{j+1} + \dfrac{x_j}{\cos\theta_n} \end{cases}$$

で定まる $\mathbf{R}^n$ の線型変換の制限である．逆変換が R_j 自身であることは，この式から容易に確かめられる．　□

$\mathcal{E}_n$ の定義式は見かけは 1 つであるが，実部と虚部がそれぞれ実数上の 1 次方程式をあたえる．それらは独立であり，$\mathcal{E}_n$ は $\mathbf{R}^n$ の $(n-2)$ 次元の線型部分空間である．本当の等角 n 角形全体の集合は，すべての辺の長さが正であるから

$$\mathcal{E}_n^+ = \bigcap_{j=0}^{n-1} \{x_j > 0\} \cap \mathcal{E}_n$$

により表すことができる．$\mathcal{E}_n^+$ は $\mathcal{E}_n$ の開集合である．

素朴に，本当の等角 n 角形に蝶変形を何回かくりかえすことにより他の本

当の等角 n 角形になることがあるか？　という問いを考える．すこし絵を描くとわかるが，蝶変形を数回ランダムにくりかえすと，かなり複雑な様相を示す．私達はまずコンピュータにより異なる本当の等角 n 角形に写る例を探すことを試みた．このような実験をしてみると，問題の面白さがよくわかる．

集合論的に考察をすると，等角 n 角形 P を1つ固定すれば，P と蝶変形で移り合える等角 n 角形は一般化された図形を含めても可算個しかない．一方，$\mathcal{E}_n^+$ は非可算集合だから，移り合えないものはたくさんある．しかしこの答えにはあまり満足できない．

一般化された面積　より精密な解析を目指すため，蝶変換が保存する等角 n 角形の幾何学的な量を探す．変形は蝶の羽をつけたりとったりしてなされるが，蝶の羽は対称な3角形からなっていることに注目し，面積の一般化を考える．

$\mathcal{E}_n^+$ の元 P の面積は容易に計算できる．図のように第 0 辺を両側に延長し，その他の辺を下に延ばして3角形 $B_1, \cdots, C_1, \cdots$ をつくる．n が偶数の

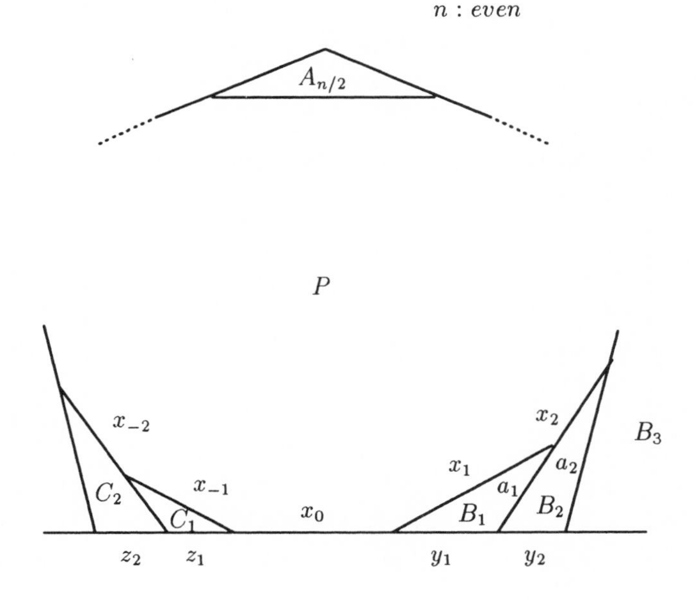

場合はてっぺんに小さな 3 角形を辺を延ばしてつくり $A_{n/2}$ とし，P とこれらの和からなる大きな 3 角形を A とする．辺の長さを表す記号を図のように定める．

しばらく $n \geq 5$ を奇数で $n = 2m+1$ とする．3 角形 B_j に対する正弦定理から

$$\frac{a_j}{\sin j\theta_n} = \frac{y_j}{\sin\theta_n} = \frac{(a_{j-1}+x_j)}{\sin(j+1)\theta_n},$$

ただし $a_0 = 0$ としておく．この式より $0 < j \leq m-1$ に対して

$$y_j \sin(j+1)\theta_n - y_{j-1}\sin(j-1)\theta_n = x_j \sin\theta_n. \tag{1}$$

同様に 3 角形 C_j に対する計算から

$$z_j \sin(j+1)\theta_n - z_{j-1}\sin(j-1)\theta_n = x_{n-j}\sin\theta_n \tag{2}$$

なる 1 次関係が得られる．3 角形 A の底辺の長さ

$$w_0 = x_0 + \sum_j y_j + \sum_j z_j$$

を $n-2$ 番目の変数とすると，座標系 $(z_{m-1}, \cdots, z_1, w_0, y_1, \cdots, y_{m-1})$ は座標系 $(x_{1-m}, \cdots, x_{m-1})$ から正則線型変換で移り合うことが (1), (2) からわかる．

3 角形 A, B_j, C_j の面積は，それぞれ

$$\begin{aligned}
\operatorname{Area} A &= w_0^2\,\frac{1}{4}\tan\frac{\theta_n}{2},\\
\operatorname{Area} B_j &= \frac{1}{2}\,y_j(a_{j-1}+x_j)\sin j\theta_n = y_j^2\,\frac{\sin j\theta_n\,\sin(j+1)\theta_n}{2\sin\theta_n},\\
\operatorname{Area} C_j &= \frac{1}{2}\,z_j(a_{j+1}+x_j)\sin j\theta_n = z_j^2\,\frac{\sin(-j)\theta_n\,\sin(-j+1)\theta_n}{2\sin\theta_n}
\end{aligned}$$

であるから，新しい座標を

$$X_0 = w_0\sqrt{\frac{1}{4}\tan\frac{\theta_n}{2}},$$

$$Y_j = y_j \sqrt{\frac{\sin j\theta_n \ \sin(j+1)\theta_n}{2\sin\theta_n}},$$

$$Z_j = z_j \sqrt{\frac{\sin(-j)\theta_n \ \sin(-j+1)\theta_n}{2\sin\theta_n}}$$

とおけば，$(Z_{m-1}, \cdots, Z_1, X_0, Y_1, \cdots, Y_{m-1})$ は $(x_{1-m}, \cdots, x_{m-1})$ から正則線型変換で移り合い，P の面積は

$$\mathrm{Area}_n(P) = X_0^2 - \sum_j Y_j^2 - \sum_j Z_j^2$$

と表せる．

$n = 2m+2$ のときは，さらに $X_{m+1} = x_{m+1}\sqrt{(1/4)\tan\theta_n/2}$ を加えると，$(Z_{m-1}, \cdots, Z_1, X_0, Y_1, \cdots, Y_{m-1}, X_{m+1})$ が $\mathcal{E}_n$ の座標系をあたえ，P の面積は $X_{m+1}^2 = \mathrm{Area}\, A_{m+1}$ であるから

$$\mathrm{Area}_n(P) = X_0^2 - X_{m+1}^2 - \sum_j Y_j^2 - \sum_j Z_j^2$$

と表せる．

ここで，一致の定理としてよくつかわれる事実の多項式版を示しておく．

補題：一致の定理　f, g を $x_1, \cdots, x_n$ に関する多項式とする．$\mathbf{R}^n$ の空でない開集合 U の任意の点 x で $f(x) = g(x)$ であれば，$f = g$.

証明．$h = f - g$ とする．$\{x \in \mathbf{R}^n \mid h(x) = 0\}$ が開集合 U を含めば $h \equiv 0$ であることを，変数の個数 n に関する帰納法で証明する．

$n = 1$ のときは h は1変数多項式であり，$h \equiv 0$ でなければ $h(x) = 0$ をみたす x は高々有限個しかない．n 変数の多項式 h を x_n についてまとめ，

$$h = x_n^k h_k + x_n^{k-1} h_{k-1} + \cdots + h_0$$

とする．ここで h_j は $x_1, \cdots, x_{n-1}$ に関する多項式である．U 上の点 x にお

いてはすべての $j=0,\cdots,k$ に対して $h(x)=0$ となるが，この等号は x_n の値に関係しない．したがって，h_j は $\mathbf{R}^{n-1}$ の開集合で恒等的に 0 となる多項式であり，帰納法の仮定により $h_j\equiv 0$ である．これは $h\equiv 0$ であることを示す． □

補題：面積は符号数 $(n-3,1)$ の 2 次形式　面積：$\mathcal{E}_n^+\to\mathbf{R}$ は $\mathcal{E}_n$ 上の符号数 $(n-3,1)$ の 2 次形式 Area_n に一意的に拡張する．

証明．先の式で定義された Area_n は $\mathcal{E}_n$ 上の 2 次形式であり，$\mathcal{E}_n$ の開集合 $\mathcal{E}_n^+$ で面積と一致している．したがって一致の定理により 面積を拡張する $\mathcal{E}_n$ の 2 次形式は Area_n にかぎる． □

2 次形式 Area_n の値を一般化された等角 n 角形の面積とよぶ．ここでは第 0 辺を基軸として式を書いた．ほかの第 j 辺を基軸として書いた式は，添字がまわり異なる式を定め $\mathbf{R}^n$ 上の関数としては実際異なるが，$\mathcal{E}_n$ では Area_n と等しく，別の座標系による表示になっている．

一般化された等角 n 角形 P に対し，∂P 上にはない点 $x\in\mathbf{R}^2$ での P の写像度を，境界 ∂P に沿って 1 周まわる運動の x のまわりの回転数とし，$\deg(x,P)$ で表す．回転数とは，運動が向きを込めて x のまわりを本質的にまわる回数で，線積分

$$\deg(x,P)=\frac{1}{2\pi i}\int_{\partial P}\frac{1}{z-x}\,dz$$

で表される整数である．このとき Area_n の値はつぎの積分で表すことができる．

$$\mathrm{Area}_n(P)=\int_{\mathbf{R}^2-\partial P}\deg(x,P)\,ds,$$

ここで ds は平面の標準的面積要素を示す．等号の証明は演習とする．

補題：蝶変換は面積を保存する　任意の $P\in\mathcal{E}_n$ に対して

$$\mathrm{Area}_n(R_j(P)) = \mathrm{Area}_n(P).$$

証明．P を本当の等角 n 角形とする．$\mathrm{Area}_n(R_0(P))$ の値は，3 角形 A の面積から B_j, C_j などの面積を引いた量であるが，図形としては蝶の羽の下側が重複する．重複部分の面積を上側に折り返して整理すると，値は P の面積にほかならず，関数として等号 $\mathrm{Area}_n = \mathrm{Area}_n \circ R_0$ が $\mathcal{E}_n^+$ でなりたつ．

R_0 は $\mathcal{E}_n$ の正則線型変換であったから，合成 $\mathrm{Area}_n \circ R_0$ は 2 次形式で，Area_n と $\mathrm{Area}_n \circ R_0$ は開集合 $\mathcal{E}_n^+$ で一致する $\mathcal{E}_n$ 上の 2 次多項式となる．したがって一致の定理により，等号

$$\mathrm{Area}_n = \mathrm{Area}_n \circ R_0$$

は全体で成立する．

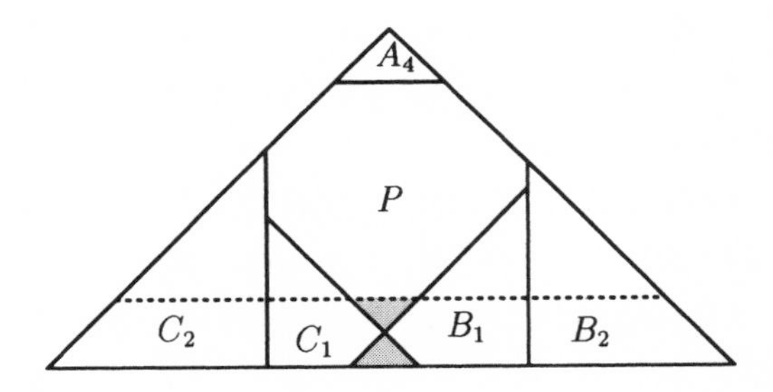

他の R_j については，Area_n の定義式を第 j 辺を基軸とする式におき換え，同じ議論をすればよい．　□

蝶変換は面積を保存する．したがって考える問題は，同じ面積の等角 n 角形に制限するのがよい．有限回の蝶変形で移り合えるという関係は，$\mathcal{E}_n$ の上の面積を一定とおいて得られる部分空間の上の同値関係を定める．この商空間がわかれば，解答としてほぼ満足できる．そのため以下の節では，蝶変換が生成する変換群の詳細を調べる．

§2. Thurston の定理

面積一定部分空間 $-\mathrm{Area}_n$ は $\mathcal{E}_n$ 上の符号数が $(1, n-3)$ の 2 次形式であり，$\mathcal{E}_n$ に Lorentz 計量をあたえる．面積が 1 であるような部分空間 $\mathrm{Area}_n^{-1}(1)$ は $\mathcal{E}_n$ の双曲面である．

双曲面 $\mathrm{Area}_n^{-1}(1)$ は 2 つの孤状連結成分をもっていた．成分は一般化された等角 n 角形の符号により区別される．面積が 1 の本当の等角 n 角形からなる空間 $\mathcal{E}_n^+ \cap \mathrm{Area}_n^{-1}(1)$ は孤状連結であり，双曲面 $\mathrm{Area}_n^{-1}(1)$ の 1 つの成分に含まれている．$\mathcal{E}_n^+$ を含む双曲面の孤状連結成分を

$$\mathcal{P}_n = \mathrm{Area}_n^{-1}(1) \cap \{X_0 > 0\}$$

とすると，$\mathcal{P}_n$ は $\mathcal{E}_n^+ \cap \mathrm{Area}_n^{-1}(1)$ を開集合として含む双曲空間である．

補題：蝶変換は鏡映変換 蝶変換 R_j は $\mathcal{P}_n$ 上の鏡映変換を定める．

証明．R_j は面積を保存するので $\mathcal{E}_n$ の Lorentz 計量を保存する．さらに $\mathcal{E}_n$ の超平面 $\{x_j = 0\}$ を固定するが，$\{x_j = 0\}$ は $\mathcal{E}_n$ の光錐に囲まれる部分と交わる．したがって R_j は双曲面 $\mathrm{Area}_n^{-1}(1)$ の孤状連結成分を不変にし，$\mathcal{P}_n$ の等長変換を定める．R_j の固定点集合は超平面 $\mathrm{Area}_n^{-1}(1) \cap \{x_j = 0\}$ であるから鏡映変換である． □

蝶変換群 $R_0, \cdots, R_{n-1}$ で生成される $\mathcal{P}_n$ の等長群の部分群を

$$\mathcal{B}_n = < R_0, \cdots R_{n-1} >$$

で表し，蝶変換群とよぶ．この章では $\mathcal{B}_n$ の $\mathcal{P}_n$ への作用を調べた Thurston の定理を紹介するが，まず $n = 5$ の場合について，具体的な計算はせずに考察する．

$\mathcal{P}_5$ は 2 次元双曲平面である．各 R_j は超平面（=直線）$\mathcal{P}_5 \cap \{x_j = 0\}$ を

固定する．$H_j = \mathrm{Fix}\, R_j$ で表し，H_j の交わりかたに対して 2 つの観察をする．

添え字は 5 を法として $|j-i| \geq 2$ のとき，定義により蝶変形 R_i, R_j を施す順番は結果に影響をあたえない．すなわち R_i, R_j は変換として可換であり $R_iR_j = R_jR_i$．ゆえに $(R_iR_j)^2 = e$．$R_iR_j \neq e$ であるから R_iR_j の位数は 2．R_iR_j の回転角は位数が 2 だから π である．回転角は交わりの角度の 2 倍であったから，H_i と H_j は直交する．

添え字が続く H_j と H_{j+1} の共通部分は $x_j = x_{j+1} = 0$ となる等角 5 角形により実現される．起こり得る状況は x_{j-1} の符号により 2 通りで，面積はいずれも負．したがって $\mathcal{P}_5$ では交わらない．

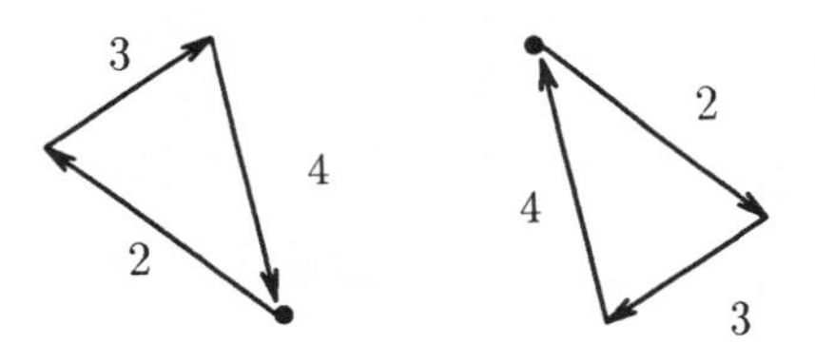

以上から，H_j は $\mathcal{P}_5$ の Klein モデルの上に図のような位置関係で配列され，和 $\cup_{j=0}^4 H_j$ は双曲直角 5 角形 Δ_5 を囲む．各辺のラベルの巡回置換 (01234) が誘導する $\mathcal{E}_5$ の自己同型は面積を保存するので $\mathcal{P}_5$ の等長変換である．$\cup_{j=0}^4 H_j$ はこの変換による不変集合で，位数 5 の巡回群の作用による対

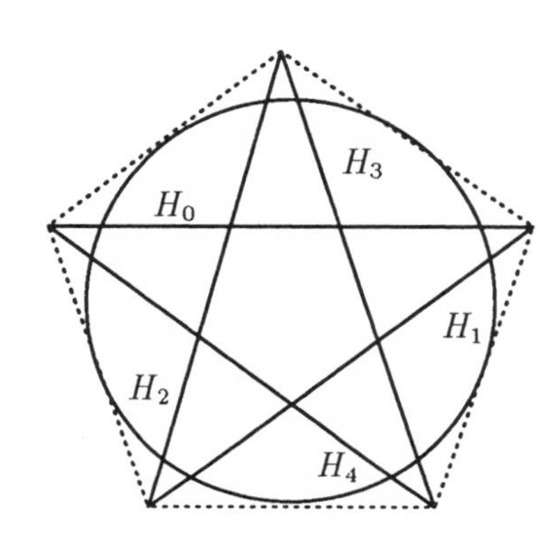

称性をもつ．とくに Δ_5 は，すべて辺の長さが等しい双曲直角正 5 角形である．

$\mathcal{B}_5$ は $H_j, j=0,\cdots,4$ を固定する鏡映変換で生成される鏡映変換群であるが，同時に Δ_5 が生成する鏡映変換群でもある．したがって Poincaré の定理によりタイル張りが得られ，軌道空間 $\mathcal{B}_5\backslash\mathcal{P}_5$ は双曲直角正 5 角形と同一視される．双曲直角正 5 角形の内部は面積 1 の本当の等角 5 角形全体の空間であり，蝶変換で移り合える本当の等角 5 角形は自分自身にかぎられることがわかる．

上の考察より，蝶変換群 $\mathcal{B}_5$ は不連続群になり，軌道空間は本当の等角 5 角形の空間の閉包とみなせることがわかった．$n=6$ の場合も同様の考察により，本当の等角 6 角形の空間の閉包は，すべての面角が直角の，理想頂点を 3 つもつ双曲 6 面体で，$\mathcal{B}_6\backslash\mathcal{P}_6$ はこの多面体と同一視される．ところが不思議なことに，この事実は一般の n に自然には拡張されず，つぎのようになる．

定理 (Thurston)：蝶変換群が不連続 $\Leftrightarrow$ $n=5,6,8$ $\mathcal{B}_n$ $(n\geq 5)$ が不連続群であるための必要十分条件は $n=5,6,8$.

つぎの節で十分性を，そのつぎの節で必要性を証明する．

§3. 多 面 体 Δ_n

基本多面体の面角 蝶変換は鏡映変換であり，蝶変換群の不連続性を調べるには，それを生成する凸多面体の形を調べ面角を計算するのが，最初に思いつくことである．

面積 1 の本当の等角 n 角形の空間 $\mathcal{E}_n^+\cap\mathcal{P}_n$ の閉包として表される図形を

$$\Delta_n=\overline{\mathcal{E}_n^+\cap\mathcal{P}_n}$$

で表す．あとのため記号を準備する．$\mathcal{E}_n$ は Lorentz 計量 $-\mathrm{Area}_n$ をあたえた Minkowski 空間であった．

$$E_j^+ = \{x_j \geq 0\} \cap \mathcal{E}_n \quad \text{および} \quad \partial E_j^+ = E_j$$

とおくと，第 j 辺に関する蝶変換 R_j は $\mathcal{E}_n$ 上の E_j を固定する Lorentz 変換である．R_j は $\mathcal{P}_n$ の上では超平面 $H_j = E_j \cap \mathcal{P}_n$ を固定する鏡映変換．Δ_n は

$$\Delta_n = \bigcap_j E_j^+ \cap \mathcal{P}_n$$

とも表せ，凸多面体である．

各辺のラベルの巡回置換が誘導する $\mathcal{P}_n$ の変換は面積を保存するので等長変換である．また $\cup_j H_j$ はこの変換の不変集合．したがって $\cup_j H_j$ が囲む Δ_n は巡回置換が生成する位数 n の巡回群の作用による対称性をもつ．n が奇数のときは面積一定とすると各辺の長さが有界であり Δ_n はコンパクトであるが，n が偶数のときは平行な辺の長さをいくらでも長くとれるのでコンパクトではない．

任意の j に対して $\Delta_n \cap H_j$ は Δ_n の余次元 1 の面になっている．これを

$$\partial_j \Delta_n = \Delta_n \cap H_j$$

で表すと，Δ_n の境界は $\partial_j \Delta_n$ の j に関する和からなる．

補題：離れた辺の面角 $= \pi/2$

(1) $|i-j| \geq 2$ のとき，H_i と H_j は直交する．

(2) $n = 5, 6$ のとき，$H_j \cap H_{j+1} = \emptyset$.

証明．(1)　$n=5$ のときと同じ議論でよい．

(2)　$n = 6$ のときも理由は $n = 5$ のときと同じである．x_j, x_{j+1} を同時に 0 にするような等角 6 角形として起こりうるのは x_{j-2}, x_{j-1} の符号にしたがい 4 通りで，いずれの場合も面積は負になる．　□

$n \geq 7$ の場合は H_j と H_{j+1} は交わる．その面角を ω_n で表す．つぎの補題で $\cos\omega_n$ を計算する．原典が手元にないので Thurston がどのように計算

したのか，あるいは計算せずに結論を得たのかわからないが，以降の議論にこの結果は不可欠である．

補題： $\cos\omega_n = 1/(2\cos\theta_n)$

$$\cos\omega_n = \frac{1}{2\cos\theta_n}.$$

証明．角度の計算は，Minkowski 空間 $\mathcal{E}_n$ で行う．H_j, H_{j+1} を定める $\mathcal{E}_n$ の線型部分空間は E_j, E_{j+1} であった．H_j, H_{j+1} のなす面角の余弦は双対の $q_{1,n}$ の値であるから，E_j, E_{j+1} の直交補ベクトルについて $q_{1,n}$ の値を計算すればよい．

Δ_n の対称性から，ω_n は j のとりかたにはよらないので，$j = 1$ として十分である．E_1, E_2 を，Area_n を 2 次形式として表したときに用いた座標系 $(Z_{m-1}, \cdots, Z_1, X_0, Y_1, Y_2, \cdots)$ で表す．$E_1 = \{x_1 = 0\} \cap \mathcal{E}_n$ だったので，ただちに

$$E_1 = \{Y_1 = 0\}.$$

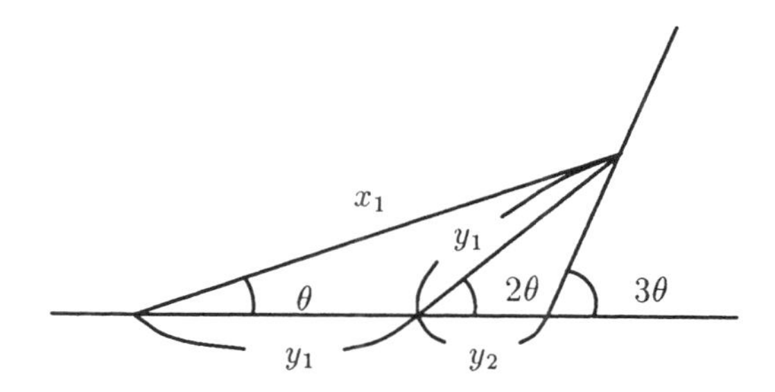

$E_2 = \{x_2 = 0\} \cap \mathcal{E}_n$ であるが，$x_2 = 0$ となる退化した n 角形では 2 つの 3 角形 B_1, B_2 の面積 Y_1^2, Y_2^2 の比は，正弦定理から

$$\frac{y_1}{\sin 3\theta_n} = \frac{y_2}{\sin\theta_n}$$

であることに注意すると，

$$\frac{Y_2^2}{Y_1^2} = \frac{y_2}{y_1} = \frac{\sin\theta_n}{\sin 3\theta_n} = \frac{1}{3 - 4\sin^2\theta_n}$$

になり一定．したがって

$$E_2 = \{Y_1 = Y_2\sqrt{3 - 4\sin^2\theta_n}\}$$

と表される．これより E_1, E_2 の直交補ベクトル $E_1^{\perp}, E_2^{\perp}$ を定めることができる．たとえば，

$$E_1^{\perp} = (0, \cdots, 0, 1, 0, \cdots, 0),$$
$$E_2^{\perp} = (0, \cdots, 0, 1, -\sqrt{3 - 4\sin^2\theta_n}, 0, \cdots, 0).$$

ここで 1 がある成分は Y_1 座標．あとは容易な計算で

$$\cos\omega_n = \frac{q_{1,n}(E_1^{\perp}, E_2^{\perp})}{\sqrt{q_{1,n}(E_1^{\perp}, E_1^{\perp})\, q_{1,n}(E_2^{\perp}, E_2^{\perp})}} = \frac{1}{2\cos\theta_n}$$

となる．　□

蝶変換群が不連続 $\Leftarrow n = 5, 6, 8$，の証明　　この計算と Poincaré の定理を組み合わせると Thurston の定理の十分性をただちに確かめることができる．$n = 5, 6, 8$ について Δ_n の面角として現われる角度は，$n = 5, 6$ のときは $\pi/2$ のみ．$n = 8$ のときは $\pi/2$ と ω_8 がなす $\pi/4$ の 2 種類でいずれも π を整数で割った数である．したがって Poincaré の定理により，$\mathcal{B}_n$ は不連続群である．　□

Poincaré の定理により，この場合 $\mathcal{B}_n \backslash \mathcal{P}_n$ が自然に Δ_n と同一視できることから，蝶変換で移り合う本当のラベルつき等角 n 角形は自分自身にかぎることがわかる．

§4. 有理角の余弦の最小多項式

最小多項式　Thurston の定理の必要性を示すには，ω_n が無理角であることがわかれば，R_j, R_{j+1} が不連続でない群を生成するので十分である．私達は最初いろいろな人に ω_n が無理角かどうか聞いて回った．上智大学の岩堀長慶先生には，「いかなる有理角 $\alpha_1, \cdots, \alpha_m$ に対して

$$\prod_{j=1}^{m} \cos \alpha_j$$

が 0 でない有理数になるか？　と問題を一般化して考えると面白い．すこしコンピュータ実験をして，あたりをつけてみたらどうか」と教授頂いた．$m = 1$ の場合は，余弦が有理数になる有理角を求めるという問題であり，解答は $\cos \alpha = 0, \pm\frac{1}{2}, \pm 1$ の解である．ω_n の有理性判定に必要なのは $m = 2$ の場合．

ところがある機会に，$m \leq 4$ については，[Conway-Jones] に完全な解答があることを John Parker 氏に教えられた．その結果によれば，ω_n は $n = 7$ または $n \geq 9$ のときは無理角であることがわかる．Parker 氏は，平面双曲幾何学をつかい Conway-Jones の仕事を $m \leq 6$ にまで拡張して Cambridge 大学から 90 年に学位を受けた若い数学者である．ここではこれら一般論には触れず，ω_n の非有理性を最小多項式をつかい初等的に証明することにする．

複素数 $\beta \in \mathbf{C}$ が代数的数であるとは，β が有理数を係数にもつ多項式の根になるときとする．有理数を係数にもつ多項式を適当に整数倍すると整数を係数とする多項式になり，それ $= 0$ として得られる方程式はまったく同じ根をもつので，定義のなかの有理数を整数におき換えてもよい．代数的数は加算個しかなく，すべての複素数が代数的数になるわけではない．

多項式 $f(x)$ が $\mathbf{Q}$ 上既約とは，有理数を係数とする多項式 $g(x), h(x)$ により $f(x) = g(x)h(x)$ と分解したとき，必ず $g(x)$ または $h(x)$ が有理数になる

ときとする．整数係数多項式が整数係数の範囲で因数分解できなければ，有理数係数の範囲でもできない．したがって整数係数多項式に対する既約性は，有理数係数での既約性を導く．代数的数 β を根にもつ $\mathbf{Q}$ 上既約な多項式を β の最小多項式という．

補題：最小多項式の一意性　$\beta \neq 0$ を代数的数，$f(x), g(x)$ をその最小多項式とする．このとき，ある有理数 $r \neq 0$ が存在して $f(x) = rg(x)$.

証明．多項式の次数とは，0 でない係数をもつ次数の最大値である．次数を deg で表すことにする．いま $\deg f(x) \leq \deg g(x)$ であるとし，$f(x)$ は β の最小多項式で次数が最小のものとする．$\beta \neq 0$ であれば $\deg f(x) \geq 1$ である．このとき

$$g(x) = q(x)f(x) + r(x)$$

をみたす有理数係数の多項式 $q(x), r(x)$ （ただし $\deg r(x) < \deg f(x)$）が一意的に存在する．両辺に β を代入すると 0．とくに $r(x)$ は β を根にもつ．$r(x) \equiv 0$ でなければ $\deg f(x)$ の最小性に矛盾するので $r(x) \equiv 0$．さらにもし $\deg g(x) > \deg f(x)$ であれば $g(x)$ の既約性に反する．したがって $\deg f(x) = \deg g(x)$ で，$q(x)$ は有理数でならなければならない．　□

この補題により最小多項式は代数的数の不変量となる．β の最小多項式の次数が 1 ということと，β が有理数ということは同値である．$\cos(k\pi/q)$ がいつ有理数になるかという問題は $\cos(k\pi/q)$ の最小多項式を求めることにより解決できる．Δ_n の面角として現われる ω_n の有理性もほぼ同様な問題におき換えられる．これらは 1 の n 乗根 ζ_n の最小多項式と密接な関係がある．

円周等分多項式　ζ_n はこの章の冒頭で $\exp(2\pi i/n)$ と定義したが，ここでは任意の 1 の原始 n 乗根を表すものと再定義する．すなわち ζ_n は n 乗してはじめて 1 になる複素数．$1 \leq k \leq n, (n,k) = 1$ をみたす任意の k に対して ζ_n^k はまた原始 n 乗根であり，k が異なれば値も異なる．原始 n 乗根は全部で $\varphi(n)$ 個ある．ここで $\varphi(n)$ は Euler 関数．

$\varphi(n)$ 次の多項式

$$\Phi_n(x) = \prod_{\substack{1 \le k \le n \\ (n,k)=1}} (x - \zeta_n^k)$$

を円周等分多項式とよぶ．$\Phi_n(x)$ は原始 n 乗根を根とする多項式であり，とくに ζ_n の選びかたには関係せずに一意的に定まる．

$\Phi_n(x)$ は ζ_n の最小多項式になる．これを示すための準備として，整数の計算をする上で便利な合同式を思い出し，その考えを整数係数の多項式の計算に応用する．整数 a, b, n に対し $a - b$ が n で割り切れるとき $a \equiv b \mod n$ と表し，a, b は n を法として合同であるという．合同は同値関係である．$\mathbf{Z}$ の合同類の集合を $\mathbf{Z}_n$ と表す．これを真似して整数係数の多項式 $f(x), g(x)$ に対し $f(x) - g(x)$ の各係数が n の倍数のとき $f(x) \equiv g(x) \mod n$ で表し，$f(x), g(x)$ は n を法として合同であるという．これも同値関係である．多項式の合同類を $\mathbf{Z}_n$ 上の多項式とよぶ．

p を素数とする．a を整数，多項式 $f(x)$ に $x = a$ を代入した値を $f(a)$ と表す．$f(a) \equiv 0 \mod p$ となるとき，a は $f(x)$ の $\mathbf{Z}_p$ 上の根であるという．このとき $f(x) \equiv (x - a)h(x) \mod p$ と分解する．$h(x)$ は p を法として一意的に決まる．

補題：$\mathbf{Z}_p$ 上の多項式の性質　p を素数とする．

(1)　(Fermat の小定理) 任意の整数 a に対して

$$a^p \equiv a \mod p.$$

(2) 整数係数の多項式 $h(x)$ に対して

$$(h(x))^p \equiv h(x^p) \mod p.$$

(3) $(n, p) = 1$ のとき $x^n - 1$ は $\mathbf{Z}_p$ 上では重根をもたない．

証明．(1)　a が p の倍数のときは明らか．$\mathbf{Z}_p - [0]$ は n を法とする掛け算に関して $[1]$ を単位元とする群になる．この群の位数は $p - 1$．群の元の位数は，群の位数の約数であるから，p の倍数でない整数 a に対して $a^{p-1} \equiv 1 \mod p$ がなりたつ．両辺に a を掛ければ $a^p \equiv a \mod p$.

(2)　$h(x)$ の次数に関する帰納法で示す．次数が 0 の場合，主張は Fermat の小定理そのもの．$h(x)$ の最高次の部分を分けて $h(x) = a_k x^k + g(x)$，ただし $\deg g(x) < k$ とする．このとき p は素数であるから

$$\begin{aligned}(h(x))^p &= (a_k x^k + g(x))^p \\ &\equiv a_k^p x^{pk} + (g(x))^p \mod p\end{aligned}$$

である．Fermat の小定理により $a_k^p \equiv a_k \mod p$ であり，最初の項は p を法として $a_k(x^p)^k$．一方，最後の項は帰納法の仮定により p を法として $g(x^p)$ に等しい．したがって右辺 $\equiv a_k(x^p)^k + g(x^p) = h(x^p)$.

(3)　いま $q \in \mathbf{Z}$ が $x^n - 1$ の $\mathbf{Z}_p$ 上の根であるとする．$q \not\equiv 0 \mod p$ であり，

$$x^n - 1 \equiv (x-q)(x^{n-1} + qx^{n-2} + \cdots + q^{n-1}) \mod p$$

と因数分解される．右辺の右の因子に q を代入すると，値は nq^{n-1}．しかし仮定から $nq^{n-1} \not\equiv 0 \mod p$ であるから q は右の因子の根ではない．したがって $x^n - 1$ の $\mathbf{Z}_p$ 上の任意の根は単根．　□

補題：円周等分多項式は 1 の原始根の最小多項式

(1) $\prod_{d|n} \Phi_d(x) = x^n - 1$.

(2) $\Phi_n(x)$ は整数係数多項式で，最高次の係数は 1．

(3) $\Phi_n(x)$ は $\mathbf{Q}$ 上既約．とくに $\Phi_n(x)$ は ζ_n の最小多項式．

証明．n の約数 d に対し原始 d 乗根は 1 の n 乗根でもある．1 の n 乗根はこれら原始根の n の約数 d に関する和からなるので (1) が得られる．

(2) は帰納法をつかって示す．$n = 1$ のときは自明．$n-1$ 以下の正の整数について主張が正しいとする．このとき (1) より

$$x^n - 1 = \Phi_n(x) \prod_{\substack{d|n \\ d \neq n}} \Phi_d(x)$$

であるが，帰納法の仮定から積記号以下は最高次の係数が 1 の整数係数の多項式．そこで $\Phi_n(x)$ を $\varphi(n)$ 次の多項式とおいて，(1) の両辺の逐次係数を比較すればよい．

最後に (3)．$\Phi_n(x) = g(x)h(x)$ と分解され，$g(x)$ は既約で ζ_n を根にもつと仮定する．$(n,p) = 1$ なる素数 p をとると，ζ_n^p はまた 1 の原始 n 乗根で，$\Phi_n(\zeta_n^p) = 0$．したがって $g(\zeta_n^p) = 0$ か $h(\zeta_n^p) = 0$ がなりたつ．

$h(\zeta_n^p) = 0$ とすると，$h(x^p)$ は $x = \zeta_n$ を根とするので最小多項式の一意性により $g(x)$ を因子として含む．したがって $h(x^p) = g(x)f(x)$ をみたす整数係数多項式 $f(x)$ が存在する．そこで p を法として考えると，$h(x^p) \equiv g(x)f(x) \mod p$ となるが，左辺は p を法として $(h(x))^p$ と一致する．とくに $g(x)$ と $h(x)$ は $\mathbf{Z}_p$ で共通根をもつ．$g(x)h(x) \equiv \Phi_n(x) \mod p$ だったので，$\Phi_n(x)$ は $\mathbf{Z}_p$ 上重根をもつ．ところが $\Phi_n(x)$ は $\mathbf{Q}$ 上で $x^n - 1$ の因子であり，$x^n - 1$ は $\mathbf{Z}_p$ で重根をもたず，$\Phi_n(x)$ も $\mathbf{Z}_p$ で重根をもたない．これはおかしい．ゆえに $h(\zeta_n^p) \neq 0$ であり，$g(\zeta_n^p) = 0$．いい換えれば，ζ_n の n と互いに素な素数のべきは $g(x)$ の根となる．

帰納的に任意の n と互いに素な $k = p_1 \cdots p_j$ に対して $\zeta_n^{p_1 \cdots p_{j-1}}$ はまた原始 n 乗根だから $(\zeta_n^{p_1 \cdots p_{j-1}})^{p_j} = \zeta_n^k$ は $g(x)$ の根．したがって $\Phi_n(x)|g(x)$．これは $\Phi_n(x) = g(x)$ を意味する． □

有理角の余弦の最小多項式 $n \geq 3$ とし，天下りに $\varphi(n)/2$ 次の多項式 $\Psi_n(x)$ を

$$\Psi_n(x) = \prod_{\substack{1 \leq k < n/2 \\ (k,n)=1}} \left(x - \cos \frac{2k\pi}{n} \right)$$

により定める．

補題：$\Psi_n(x)$ は $\cos(2q\pi/n)$ の最小多項式　$n=3$ または $n \geq 5$，q を n と互いに素な正の整数とする．このとき $\Psi_n(x)$ は $\cos(2q\pi/n)$ の最小多項式である．

証明．$\cos(2k\pi/n)$ はある ζ_n の実部であるから，

$$\begin{aligned}\Phi_n(x) &= \prod_{\substack{1\leq k<n/2\\(n,k)=1}} (x-\zeta_n^k)(x-\zeta_n^{-k}) \\ &= \prod_{\substack{1\leq k<n/2\\(n,k)=1}} \left(x^2-2x\cos\frac{2k\pi}{n}+1\right)\end{aligned}$$

$\Phi_n(x)$ は整数係数の多項式であったから，右辺を展開し次数の低いほうから逐次係数を比較することにより，

$$\{\cos(2k\pi/n) \mid (n,k)=1, 1\leq k<n/2\}$$

のすべての基本対称式は有理数であることがわかる．$\Psi_n(x)$ の係数はこれら基本対称式であり，$\Psi_n(x)$ は有理数係数の多項式となる．もし $\Psi_n(x)$ が既約でないとすると，$\{\cos(2k\pi/n) \mid (n,k)=1, 1\leq k<n/2\}$ が 2 つに分かれ，それぞれのすべての基本対称式が有理数となる．この分解にしたがって $\Phi_n(x)$ を 2 つの因子に展開すれば，それぞれが有理数係数になり，$\Phi_n(x)$ が $\mathbf{Q}$ 上既約であることに矛盾．ゆえに $\Psi_n(x)$ は $\mathbf{Q}$ 上既約で，$\cos(2q\pi/n)$ の最小多項式となる．　□

$\Psi_n(x)$ の定数項を正確に計算するために技術的な準備をする．

補題：余弦の積

(1) $m \geq 2$ に対して

$$\prod_{\substack{k=1\\\neq m}}^{2m-1} \cos\frac{2k\pi}{4m} = \frac{(-1)^{m-1}4m}{4^m}.$$

(2) $m \geq 1$ に対して

$$\prod_{k=1}^{2m} \cos \frac{2k\pi}{4m+2} = \frac{(-1)^m}{4^m}.$$

(3) $m \geq 1$ に対して

$$\prod_{k=1}^{m} \cos \frac{2k\pi}{2m+1} = \frac{(-1)^{[\frac{m+1}{2}]}}{2^m},$$

ただし $[\frac{m+1}{2}]$ は $\frac{m+1}{2}$ を越えない最大の整数.

証明. まず (1) を計算する.

$$\prod_{\substack{k=1 \\ \neq m}}^{2m-1} \cos \frac{2k\pi}{4m} = \prod_{k=1}^{m-1} \cos \frac{2k\pi}{4m} \cos \frac{(4m-2k)\pi}{4m}$$
$$= \frac{(-1)^{m-1}}{2^{m-1}} \prod_{k=1}^{m-1} \left(1 + \cos \frac{2k\pi}{2m}\right)$$

である. 一方

$$\prod_{k=1}^{m-1} \left(x^2 - 2x \cos \frac{2k\pi}{2m} + 1\right) = \frac{x^{2m}-1}{x^2-1} = x^{2m-2} + x^{2m-4} + \cdots + 1$$

であるから, 両辺に $x = -1$ を代入して

$$2^{m-1} \prod_{k=1}^{m-1} \left(1 + \cos \frac{2k\pi}{2m}\right) = m$$

が得られる. あとはこれを最初の式の右辺に代入して整理すればよい.

(2) についてはほぼ同様であり省略する. (3) については,

$$\prod_{k=1}^{2m} \cos \frac{2k\pi}{4m+2} = \prod_{k=1}^{m} \cos \frac{2k\pi}{2m+1} \cos \frac{(2k-1)\pi}{2m+1}$$
$$= (-1)^m \prod_{k=1}^{m} \cos \frac{2k\pi}{2m+1} \cos \frac{(2m+2-2k)\pi}{2m+1}$$

$$= (-1)^m \left(\prod_{k=1}^{m} \cos \frac{2k\pi}{2m+1} \right)^2$$

であるから，左辺に (2) の結果を代入し両辺の平方根をとり，符合が一致するように $\cos(2k\pi/(4m+2))$ の値が負になる k の数を数えればよい．　□

さて，δ_n を $\Psi_n(x)$ の定数項（$\Psi_n(x) = x^{\frac{\varphi(n)}{2}} + \cdots + \delta_n$）としてこれを計算する．定義に戻れば，

$$\delta_n = \prod_{\substack{1 \le k < n/2 \\ (n,k)=1}} \cos \frac{2k\pi}{n}$$

である，ただし $n = 3$ または $n \ge 5$．まず，次数で正規化し，

$$f(n) = 2^{\varphi(n)/2} |\delta_n|$$

とおく．

補題：$f(n)$ の値　$n = 3$ または $n \ge 5$ とする．

$$f(n) = \begin{cases} p, & n = 4p^e \ge 8 \text{ で } p \text{ が素数のとき} \\ 1, & \text{その他のとき} \end{cases}$$

証明．計算の都合のため $\delta_1 = \delta_2 = \delta_4 = 1$ とおくと，

$$\prod_{d|n} \delta_d = \prod_{\substack{k=1 \\ k \ne n/4}}^{[\frac{n-1}{2}]} \cos \frac{2k\pi}{n}$$

である．一方

$$\prod_{d|n} f(d) = \prod_{d|n} 2^{\varphi(d)/2} |\delta_d| = 2^{\sum_{d|n} \varphi(d)/2} \prod_{d|n} |\delta_d| = 2^{n/2} \prod_{d|n} |\delta_d|$$

であり，余弦の積公式から $\prod_{d|n} f(d)$ の値が得られる．それらの対数を $g(n)$ とすれば

$$g(n) = \sum_{d|n} \log f(d) = \begin{cases} \log 4m, & n = 4m > 4 \text{ のとき} \\ \log 2, & n = 4m+2 > 2 \text{ のとき} \\ \log \sqrt{2}, & n = 2m+1 > 1 \text{ のとき} \end{cases}$$

である．これより $f(n)$ を計算する．まず $n = 2m+1$ の場合，Möbius 反転公式と Möbius 関数の値の和から

$$\begin{aligned} \log f(n) &= \sum_{d|n} \mu\left(\frac{n}{d}\right) g(d) \\ &= \log \sqrt{2} \sum_{d|n} \mu(d) = 0. \end{aligned}$$

したがってこの場合は $f(n) = 1$.

$n = 4m+2$ の場合．$n = 2p_1^{e_1} \cdots p_k^{e_k}$ とすると，同様に

$$\log f(n) = \log 2 \sum_{d|p_1 \cdots p_k} \mu(d) + \mu(2) \log \sqrt{2} \sum_{d|p_1 \cdots p_k} \mu(d) = 0$$

であり，この場合も $f(n) = 1$.

$n = 4m$ の場合．$n = 2^s p_1^{e_1} \cdots p_k^{e_k}$ とし，まず $s \geq 3$ のとき，

$$\begin{aligned} \log f(n) = &\sum_{d|p_1 \cdots p_k} \mu(d) \log \frac{4m}{d} + \mu(2) \sum_{d|p_1 \cdots p_k} \mu(d) \log \frac{2m}{d} \\ = &\log 4m \sum_{d|p_1 \cdots p_k} \mu(d) - \sum_{d|p_1 \cdots p_k} \mu(d) \log d \\ &+ \mu(2) \log 2m \sum_{d|p_1 \cdots p_k} \mu(d) - \mu(2) \sum_{d|p_1 \cdots p_k} \mu(d) \log d \end{aligned}$$

となる．この式の第 2 項と第 4 項は互いに打ち消し合う．さらに $k \geq 1$ のときは，Möbius 関数の値の和より他の項も 0 となり $f(n) = 1$. $k = 0$ のときは，直接

$$\log f(n) = \mu(1)\log 4m + \mu(2)\log 2m = \log 2$$

となり，$f(n)=2$ が得られる．これで $s \geq 3$ のときはわかった．

$s=2$ のときは $n=4m>4$ であり $k \geq 1$.

$$\begin{aligned}\log f(n) &= \sum_{d|p_1\cdots p_k} \mu(d)\log\frac{4m}{d} + \mu(2)\sum_{d|p_1\cdots p_k}\mu(d)\log 2\\ &= \log 4m \sum_{d|p_1\cdots p_k}\mu(d) - \sum_{d|p_1\cdots p_k}\mu(d)\log d\\ &\quad + \mu(2)\log 2\sum_{d|p_1\cdots p_k}\mu(d)\end{aligned}$$

となるが，$k \geq 1$ であるから最初と最後の項は 0．中間の項は，$k=1$ のときは $\log p_1$ となり $f(n)=p_1$．$k \geq 2$ のときは，

$$\begin{aligned}\sum_{d|p_1\cdots p_k}\mu(d)\log d &= \sum_j \mu(p_j)\log p_j + \sum_{i<j}\mu(p_ip_j)(\log p_i + \log p_j) + \cdots\\ &\quad + \mu(p_1\cdots p_k)(\log p_1 + \cdots + \log p_k)\end{aligned}$$

であるが，右辺は各 $\log p_j$ についてまとめると，おのおのの係数が

$$-1 + (k-1) - \binom{k-1}{2} + \cdots - (-1)^{k-1} = -(1-1)^{k-1} = 0$$

となり 0．したがって $f(n)=1$.

以上をまとめると結果が得られる．　□

蝶変換群が不連続 $\Rightarrow n=5,6,8$，の証明　以上の計算を用い，Thurston の定理の必要性を，ω_n の非有理性を示すことにより証明する．

$$\cos\omega_n = \frac{1}{2\cos\theta_n}$$

を思い出す．$\cos\omega_n = y_n$ とおいて，$\cos\theta_n$ の最小多項式 $\Psi_n(x)$ の x に $1/2y_n$ を代入し $y_n^{\varphi(n)/2}/\delta_n$ を掛け，y_n を x と表せば

$$\Omega_n(x) = x^{\varphi(n)/2} + \cdots + \frac{1}{\delta_n 2^{\varphi(n)/2}}$$

が得られる．これは $\mathbf{Q}$ 上既約な多項式で，$x = y_n$ を根にもつので y_n の最小多項式である．

一方，有理角の最小多項式は

$$\Psi_m(x) = x^{\varphi(n)/2} + \cdots + \delta_m$$

であたえられる．したがって ω_n が有理角であれば，双方とも最高次の係数を 1 としたので，ある m に対して $\Omega_n(x) = \Psi_m(x)$ となる．とくに $\varphi(n) = \varphi(m)$ かつ $1/\delta_n 2^{\varphi(n)/2} = \delta_m$ がなりたつ必要がある．あとの式の絶対値をとり $f(n)$ で書きなおすと，

$$f(n)f(m) = 2^{\varphi(m)/2}.$$

ところが，先に計算した $f(n)$ の値と $\varphi(2^s) = 2^{s-1}$ であることから，この等式が成立するのは，$n \geq 7$ では $n = m = 8$ の場合にかぎられる．したがって $n \neq 5, 6, 8$ のときは，ω_n は無理角．とくに $\mathcal{B}_n$ は不連続群ではない．　□

$\mathcal{B}_n$ は不連続群ではなく，軌道空間 $\mathcal{B}_n \backslash \mathcal{P}_n$ は Hausdorff でもない複雑な空間になる．異なる本当の等角 n 角形で，蝶変換の合成で移り合うものがある．以下は正 7 角形に $(R_0R_1)^5$ を施して得られる歪んだ本当の 7 角形の図である．

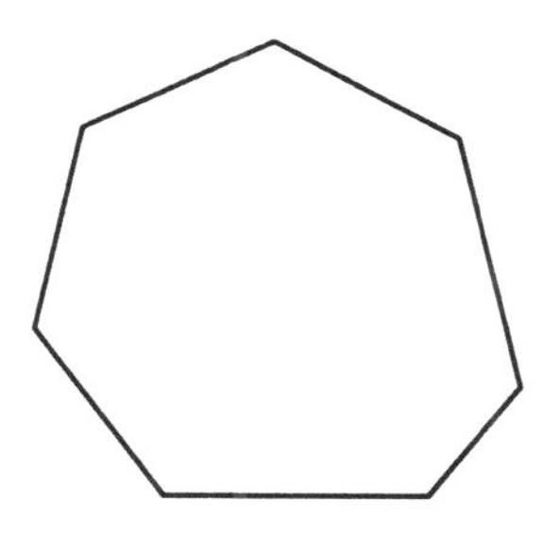

第 VI 章

星　の　形

前章では，等角多角形の相似類の集合を双曲多面体として表したが，この章では，角度を動かしてもなお双曲幾何学との関連がある Yamashita の例を紹介する．とり扱う平面図形は，星型の 5 辺形である．最後の節では，その空間の自己同型群の商であるモジュライが特異点をもち，特異点のまわりに 8 の字結び目が現われることを大雑把に解説する．

§1.　星

星型 5 辺形　下図のような平面上の 5 辺形のことを星とよぶ．形は歪んでいても気にしないことにする．角度には条件をあたえず，内側に凸 5 角形があり，その延長線上に 5 つのとがった 3 角形があればよい．

各辺にラベルをつける．星は約束により内部に凸 5 角形 P を含んでいる．この P をまた複素平面 $\mathbf{C}$ の上に第 0 辺を実軸において第 4 辺との交点を原点におく．以下では記述の簡明さのため，P の量で星を表すことにする．外角 θ_j の添え字は，対応する頂点の対称な位置にある辺のラベルと合わせる．P の外角 $\theta_0, \cdots, \theta_4$ は固定しないが，星を得るための条件を考えると，正値性，外角和

$$\sum_k \theta_k = 2\pi$$

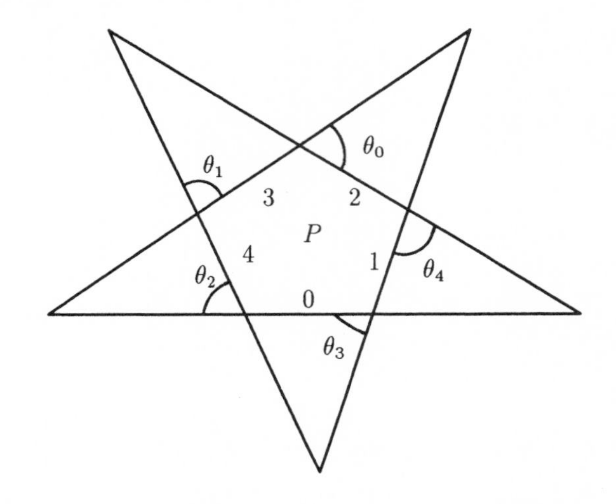

のほかに各辺を挟む 2 辺の延長が外側で交わるために

$$\theta_k + \theta_{k+1} < \pi,\ k = 0, \cdots, 4$$

が必要である．ただし添字は 5 を法とする．逆に，これらの条件をみたす θ_k の組は，ある星の内接 5 角形 P の外角の組になっている．この集合を

$$\Theta = \Big\{ \theta = (\theta_0, \cdots, \theta_4) \in \mathbf{R}^5 \ \Big| \ \sum_k \theta_k = 2\pi,\ \theta_k > 0,\ \theta_k + \theta_{k+1} < \pi,\ k = 0, \cdots, 4 \Big\}$$

で表す．Θ は 4 次元の開球と微分同型な多様体である．

$\theta = (\theta_0, \cdots, \theta_4) \in \Theta$ を 1 つ固定する．P の第 j 辺の長さを x_j とし，その組をベクトル $x = (x_0, \cdots, x_4)$ で表す．5 角形を得るためには，これら成分の間に，辺に沿って 1 周まわれば原点に戻るという関係が求められる．この条件を書き下すと

$$\mathcal{E}_\theta = \left\{ (x_0, \cdots, x_4) \in \mathbf{R}^5 \ \middle| \ \sum_{k=0}^{4} x_{k+2} \exp\Big(i \sum_{j=0}^{k} \theta_j \Big) = 0 \right\}$$

となり，$\mathcal{E}_\theta$ は $\mathbf{R}^5$ の部分空間を定める．ただし i は虚数単位．

補題：$\dim \mathcal{E}_\theta = 3$　$\mathcal{E}_\theta$ は 3 次元の線形空間である．

証明．定義式

$$\sum_{k=0}^{4} x_{k+2} \exp(i \sum_{j=0}^{k} \theta_j) = 0$$

の実部と虚部が実数上の 2 つの方程式を定めるが，θ の条件からそれらは独立である．　□

星の空間　ラベルがついた星全体の空間は，外角を変数に組み込むことにより

$$\mathcal{E}^+ = \{(\theta, x) \in \Theta \times \mathbf{R}^5 \,|\, x \in \mathcal{E}_\theta \cap \mathbf{R}^5_+\} \subset \mathbf{R}^5 \times \mathbf{R}^5$$

と表せる．ここで

$$\mathbf{R}^5_+ = \{x \in \mathbf{R}^5 \,|\, x_k > 0,\, k = 0, \cdots, 4\}.$$

$\mathcal{E}^+$ の点として表されるある星は拡大縮小しても星である．拡大縮小は外角の組 θ をかえないので，後ろの 5 次元の数空間 $\mathbf{R}^5$ だけに作用する．星の相似類の集合は $\mathcal{E}^+$ の拡大縮小による作用の軌道空間と同一視できる．

相似変換は相似類のなかで面積を効果的に 0 から ∞ にかえるので，星の相似類の集合は，P の面積が一定の星の空間とも同一視できる．この部分空間を記述するため，面積の定義をくりかえす．θ を固定し，図のように記号を定める．ここで A_k は P を含み第 k 辺を底辺に含む 3 角形．B_k, C_k はそれぞれ P の右，左にある 3 角形．前章の方法にならって $\mathcal{E}_\theta$ の座標を

$$X_k = \left(\frac{x_{k-1} \sin \theta_{k+1}}{\sin(\theta_{k+1} + \theta_{k+2})} + x_k + \frac{x_{k+1} \sin \theta_{k-1}}{\sin(\theta_{k-2} + \theta_{k-1})} \right) \times \sqrt{\frac{\sin(\theta_{k+1} + \theta_{k+2}) \sin(\theta_{k-2} + \theta_{k-1})}{2 \sin(\theta_{k+1} + \theta_{k+2} + \theta_{k-2} + \theta_{k-1})}},$$

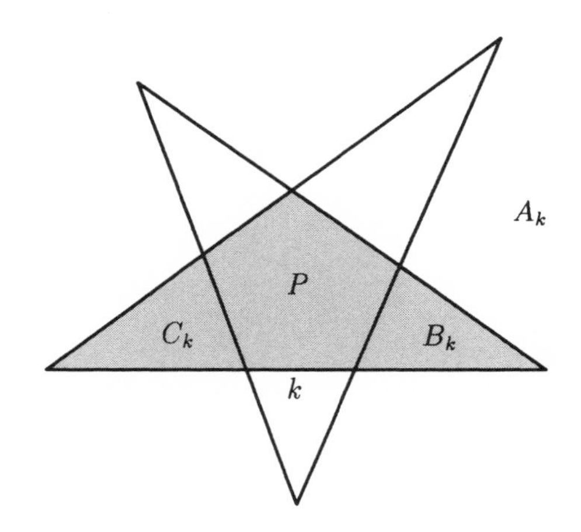

$$Y_k = x_{k+1}\sqrt{\frac{\sin\theta_{k-2}\sin\theta_{k-1}}{\sin(\theta_{k-2}+\theta_{k-1})}},$$

$$Z_k = x_{k-1}\sqrt{\frac{\sin\theta_{k+1}\sin\theta_{k+2}}{\sin(\theta_{k+1}+\theta_{k+2})}}$$

にとる．式は複雑だが，それぞれの 2 乗は A_k, B_k, C_k の面積であり，面積関数は

$$\mathrm{Area}_\theta(P) = X_k^2 - Y_k^2 - Z_k^2$$

で表される．値は k のとりかたにはよらず，Area_θ は $\mathcal{E}_\theta$ 上の符号数が $(2,1)$ の 2 次形式に一意的に拡張する．

$\mathrm{Area}_\theta^{-1}(1) \subset \mathcal{E}_\theta$ は双曲面であり，考えたい空間は

$$\mathcal{S} = \{(\theta, x) \in \Theta \times \mathbf{R}^5 \,|\, x \in \mathrm{Area}_\theta^{-1}(1) \cap \mathbf{R}_+^5\} \subset \mathbf{R}^{10}.$$

$\mathcal{E}_\theta$ では，考えたい部分は双曲面 $\mathrm{Area}_\theta^{-1}(1)$ の 1 つの孤状連結成分に含まれている．この空間を幾何学的に解きほぐしていく．最初に第 1 因子への射影

$$\nu : \mathcal{S} \to \Theta$$

の逆像について．

補題：$\nu^{-1}(\theta)$ は双曲直角 5 角形　各 $\theta \in \Theta$ に対し

$$\nu^{-1}(\theta) = \mathbf{R}^5_+ \cap \mathrm{Area}_\theta^{-1}(1) \subset \mathcal{E}_\theta$$

は双曲面 $\mathrm{Area}_\theta^{-1}(1)$ 上の直角 5 角形の内部である．

証明．前章の議論でも十分であるが，あとのため具体的に見なおす．$\mathcal{E}_\theta$ の座標として X_k, Y_k, Z_k をつかう．このとき $\mathbf{R}^5$ の超平面 $\{x_{k+1} = 0\}$ は Klein モデル $\mathbf{K}^2$ に移ると Z_k 軸に，$\{x_{k-1} = 0\}$ は Y_k 軸に射影される．$\mathbf{K}^2$ において原点における 2 直線のなす角度は Euclid 計量で計ったものと同じであり，これらは直交している．k は任意だったので，隣り合わない 2 辺について，それぞれが退化する星がなす辺は直交する．隣り合う 2 辺 $k, k+1$ については，退化する星がなす辺は，双方とも $k+3$ が退化する星がなす辺に直交するので，交わらない．したがって $\nu^{-1}(\theta)$ は $\mathrm{Area}_\theta^{-1}(1)$ 上の直角 5 角形の内部．□

§2. Yamashita の定理

5 角形の Teichmüller 空間　$\nu^{-1}(\theta)$ は双曲直角 5 角形になったが，直角 5 角形はたくさんある．前の章で現われた 5 角形はもとの等角 5 角形がもつ対称性から直角正 5 角形が得られたが，星の場合は角度の組がいろいろあるので必ずしも正 5 角形が得られるとはかぎらない．そこで問題：$\nu^{-1}(\theta)$ として現われる双曲直角 5 角形はすべての双曲直角 5 角形を尽くすか？　これを 90 年の春大学院の講義の課題として出した．いろいろな解答が集まったが，以下は当時修士 2 年であった山下靖氏の解答である．

まず，双曲直角 5 角形全部の集合を空間として表す．双曲 3 角法の 5 角形公式によれば，隣り合う 2 辺の長さを A, B，これらとは交わらない辺の長さを D とすると，

$$\sinh A \sinh B = \cosh D$$

がなりたつ．逆に， $\sinh A \sinh B > 1$ をみたす A, B を，隣り合う辺の長さとする双曲直角 5 角形が一意的に存在する．ここで双曲直角 5 角形の辺を，あとで星の辺のラベルつけと合うように反時計まわりに数えてラベルが 2 つずつ下がるようにつける．その長さをラベルを添え字として a_j と表せば，辺にラベルをつけた双曲直角 5 角形の全体の集合は，

$$\mathcal{T} = \{(a_0, \cdots, a_4) \in \mathbf{R}^5 \mid \\ a_k > 0,\ \sinh a_{k+2} \sinh a_k = \cosh a_{k+1},\ k = 0, \cdots, 4\}$$

という $\mathbf{R}^5$ の部分空間と同一視するのが自然である．ここでも添字は 5 を法とする． $\mathcal{T}$ を等角 5 角形の Teichmüller 空間とよぶ． $\mathcal{T}$ は 2 次元多様体であることが確かめられる．

（蛇足） Teichmüller 空間は Riemann 面のラベルつき等角構造全体の集合に自然な位相を入れた空間である．この方面の文献として，最近 [今吉 - 谷口] が出版された．種数が 2 以上の場合は Riemann 面の等角構造は一意化定理で双曲構造と同じであり， Teichmüller 空間は Riemann 面の上の双曲構造全体の空間とみなせる． $\mathcal{T}$ を Teichmüller 空間とよんだ理由は， $\mathcal{T}$ が 5 角形の各頂点の角度を直角とするラベルつき双曲構造全体の空間だからである．

$\mathcal{T}$ はコンパクトではない，ラベルを巡回および反転させる位数 10 の 2 面体群の作用を許容する 5 角形的な空間である．このままではとり扱いにくいので， $\mathcal{T}$ の空間としての別の表現をあたえる．

まず， $\mathbf{K}^2$ の上に直角 5 角形の指定された 2 辺を，それぞれ座標軸の正の方向におく．これら 2 辺の原点ではないほうの頂点の $\mathbf{K}^2$ 上の Euclid 座標を $(p, 0), (0, q)$ とする．この頂点を通る隣り合う辺はやはり Euclid の意味で軸と平行な直線上にある．それらは $\mathbf{K}^2 \cup \mathbf{K}^2_\infty$ の外で交わるため， $p^2 + q^2 > 1$ であることが必要．また p, q はともに $\mathbf{K}^2$ 内の正の軸にとった点の座標だから $0 < p, q < 1$．逆に，この 2 条件を満足する (p, q) の組に対して $\mathbf{K}^2$ のなか

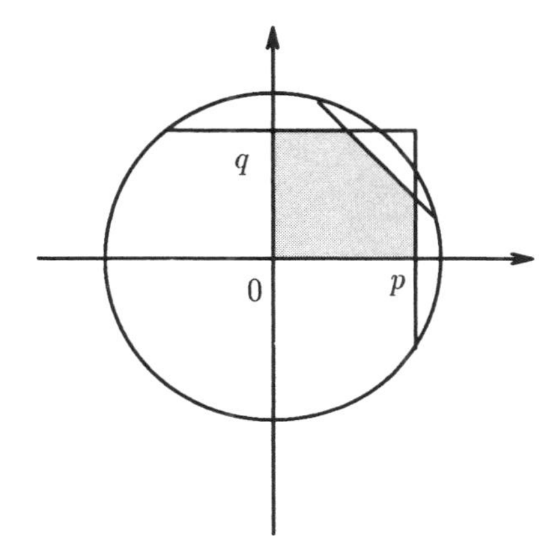

に一意的に双曲直角 5 角形を書くことができる．したがって $\mathcal{T}$ は

$$\mathcal{T} = \{(p, q) \in \mathbf{R}^2 \,|\, 0 < p, q < 1,\, p^2 + q^2 > 1\}$$

と見なおすことができる．この表示は $\mathcal{T}$ がもつ 5 角形的対称性を無視しているが，その反面 $\mathcal{T}$ が 2 次元円板の内部と微分同型であることを表すなど，便利な面もある．

$\theta \in \Theta$ を固定すると，$\nu^{-1}(\theta)$ は直角 5 角形の内部と同一視することができた．このとき $\nu^{-1}(\theta)$ の閉包が定める直角 5 角形の形は $\mathcal{T}$ の一点を定める．θ に $\nu^{-1}(\theta)$ の閉包の形を対応させる写像を

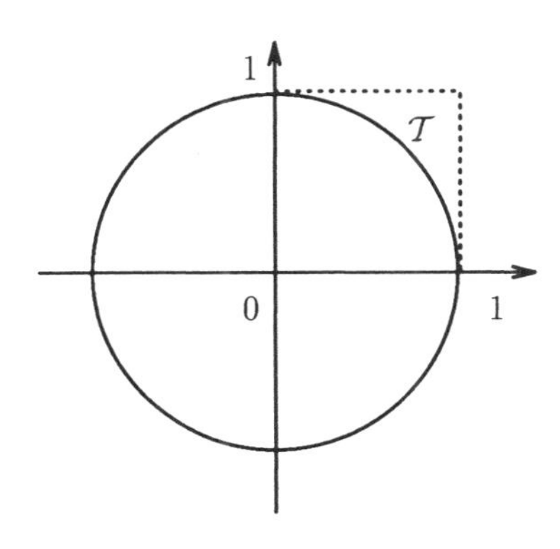

$$\eta : \Theta \to \mathcal{T}$$

と表す．山下は以下のように η をうまく記述した．

定理 (Yamashita)：η は $\mathbf{B}^2$- 束　　一意的ではないが，自然な微分同型

$$\xi : \Theta \to \mathcal{T} \times \mathbf{B}^2$$

があり，η は ξ と第 1 成分への射影の合成と一致する．

この定理は $\eta : \Theta \to \mathcal{T}$ が全射，すなわち任意の双曲直角 5 角形が現われる．また，各点の逆像，つまり同じ双曲直角 5 角形をつくる角度の組の空間が一様に双曲平面の Beltrami モデル $\mathbf{B}^2$ とみなせることを主張する．証明は，ξ の構成と，$\mathbf{B}^2$ の双曲構造の ξ のとりかたに対する自然性を確かめる，の 2 段階からなる．

ξ の構成　　あたえられた $\theta \in \Theta$ に対し $\nu^{-1}(\theta)$ の形を具体的に記述する．まず基軸となるラベル k を選び，$\mathcal{E}_\theta$ の座標軸を X_k, Y_k, Z_k にとって $\nu^{-1}(\theta)$ を $\{x_k = 1\}$ 上の Klein モデル $\mathbf{K}^2$ に射影する．θ を固定して

$$E_k = \{x_k = 0\} \cap \mathcal{E}_\theta$$

とし，E_k の $\mathbf{K}^2$ への像を W_k と表す．各 W_k は $\mathbf{K}^2$ のなかで直角 5 角形を

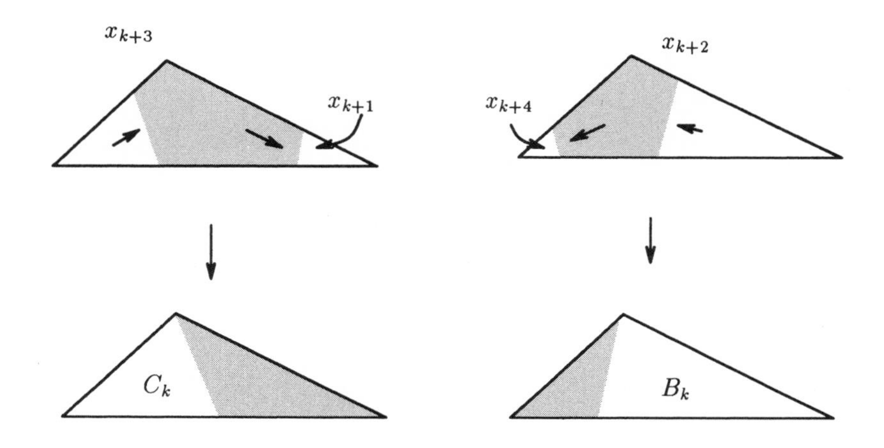

囲む．W_{k+1} は Z_k 軸に，また W_{k+4} は Y_k 軸に射影される．ここで記号を導入する．p_k を $W_{k+4} \cap W_{k+2}$ の Y_k 座標，q_k を $W_{k+1} \cap W_{k+3}$ の Z_k 座標とする．これらの座標は Euclid 座標．

p_k, q_k を θ の関数として表すため，この交点に対応する退化した星を考える．それらはそれぞれ $x_{k+4} = x_{k+2} = 0$, $x_{k+1} = x_{k+3} = 0$ の場合に相当する．3 角形 A_k は P と図のような極限の 3 角形 C_k, B_k にそれぞれ分割されている．したがって $\mathcal{E}_\theta$ の座標 X_k, Y_k, Z_k の定義に戻って考えると，$\sqrt{\mathrm{Area}\, B_k}$ は $E_{k+4} \cap E_{k+2} \cap \mathrm{Area}_\theta^{-1}(1) \subset \mathcal{E}_\theta$ の Y_k 座標である．また $\sqrt{\mathrm{Area}\, C_k}$ は $E_{k+1} \cap E_{k+3} \cap \mathrm{Area}_\theta^{-1}(1) \subset \mathcal{E}_\theta$ の Z_k 座標である．これらの点を $\{X_k = 1\}$ 上の $\mathbf{K}^2$ に落とすと

$$p_k = \sqrt{\frac{\mathrm{Area}\, B_k}{\mathrm{Area}\, B_k + 1}},$$

$$q_k = \sqrt{\frac{\mathrm{Area}\, C_k}{\mathrm{Area}\, C_k + 1}}.$$

ところが，レベル曲面 $\mathrm{Area}_\theta^{-1}(1)$ は P の面積を 1 とする曲面であったから

$$p_k^2 = \frac{\mathrm{Area}\, B_k}{\mathrm{Area}\, B_k + 1} = \frac{B_k \text{ の底辺の長さ}}{A_k \text{ の底辺の長さ}},$$

$$q_k^2 = \frac{\mathrm{Area}\, C_k}{\mathrm{Area}\, C_k + 1} = \frac{C_k \text{ の底辺の長さ}}{A_k \text{ の底辺の長さ}}$$

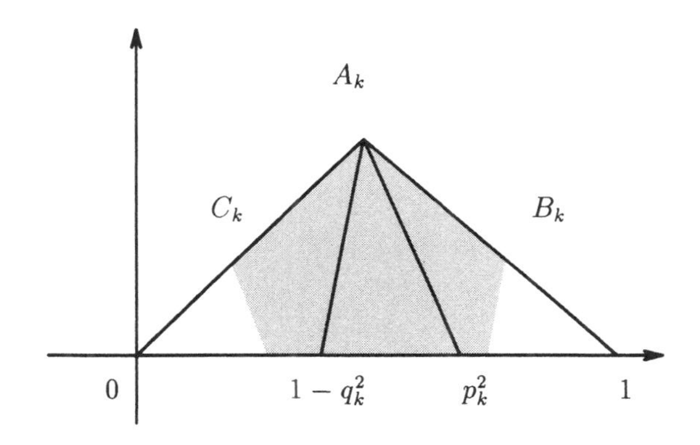

がなりたつ．この式は，都合のよいことに図から p_k^2, q_k^2 を計算する方法をあたえてくれる．まず $\theta \in \Theta$ に対し θ を外角の組とする P を任意につくり，相似変換によりスケールをかえ，A_k を複素平面 $\mathbf{C}$ 上底辺が実軸の $[0,1]$ と一致し上半平面に入るようにおく．この A_k に最大の B_k, C_k を書き込むと，実軸上に現われる頂点の座標（実数）は，上の関係式から，それぞで $1-p_k^2, q_k^2$ となる．

そこで，$\theta \in \Theta$ に対して上の構成でつくった $[0,1]$ を底辺とする複素平面上の 3 角形 A_k の上の頂点の複素座標を z_k で表し，写像

$$\xi_k : \Theta \to \mathcal{T} \times \mathbf{B}^2$$

を，対応

$$\theta \to (\eta(\theta), z_k)$$

により定める．η は ξ_k と第 1 成分への射影の合成である．

以下で，ξ_k が位相同型であることを示す．厳密には ξ_k およびその逆の微分可能性を調べる必要があるが，煩雑になるので演習として残す．ξ_k が連続，単射であることは定義によりただちにわかる．全射であることを確かめる．$\mathcal{T}$ を $\{(p,q) \mid 0 < p, q < 1, p^2+q^2 < 1\}$ とみなし，任意の点 $(p,q) \in \mathcal{T}$ と $\mathbf{B}^2$ の点 z をとる．このとき複素平面 $\mathbf{C}$ 上の $[0,1]$ 区間に $0 < 1-p^2 < q^2 < 1$ の 4 点を記し，z からこの 4 点に直線をおろす．これにより上の図と同じ絵が得られる．とくにこの図は $p_k = p, q_k = q$ を実現する外角の組 $\theta = (\theta_0, \cdots, \theta_4)$ をあたえるので ξ_k は全射．p_k, q_k や z_k をすこし動かせば θ はすこし動くので，ξ_k^{-1} は連続である．したがって ξ_k は位相同型である．　□

上半空間は双曲幾何学の 1 つのモデルだったので，ξ_k により同じ双曲直角 5 角形をあたえる角度の空間を双曲平面とみなせる．しかし，双曲構造は k 番目の辺を基軸に選んで得られたものであり，異なる k による上半平面との同一視から得られる双曲構造と無関係かもしれない．それでは双曲構造をあたえる意味がない．自然性とは，双曲構造が k のとりかたによらないことを意味する．

自然性の証明　別の辺を基準にしたとき，上半空間との同一視がどのように

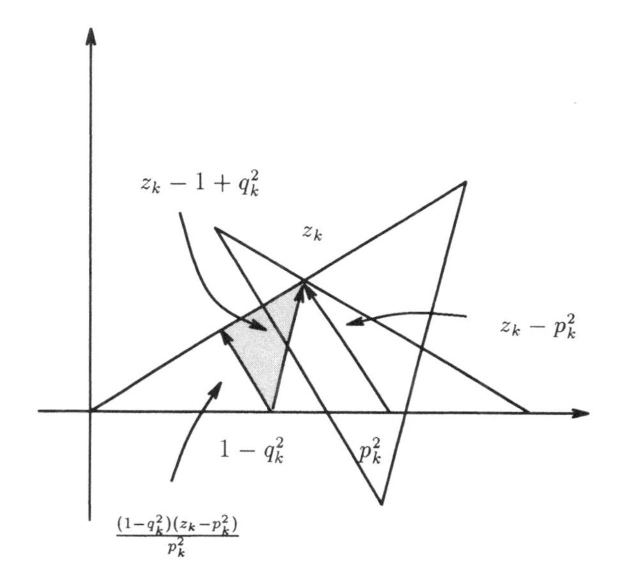

変わるかを図を見ながら計算する．網目部分に A_{k+1} と相似な 3 角形をつくる．

z_{k+1} は，$1-q_k^2$ を原点，z_k を実軸上の 1 とする複素座標に関する，網目部分の 3 角形の底辺にはない頂点の座標である．相似関係から容易に $1-q_k^2$ から出る 2 つの複素ベクトルは図に書き込まれているように計算できる．したがって

$$z_{k+1} = \frac{(1-p_k^2)(z_k - q_k^2)}{q_k^2(z_k - 1 + p_k^2)}$$

で，z_{k+1} は z_k の 1 次分数変換として表される．このことは，基準とする辺を $k, k+1$ にとったとき，上半空間との同一視の違いを表す写像

$$z_k \longrightarrow z_{k+1}$$

は双曲計量を保存することを意味する．k は任意であったから，合成をとればいかなる辺を基準にしても η の逆像にあたえた双曲構造は同じである．　□

§3.　モジュライ

モジュライ　ここまでは，とり扱いやすさのため，辺にラベルをつけた形の空間を解析した．しかし，ラベルを忘れ，等長変換で移り合うものをすべて同じとみなせば，感覚的には図形の形を表現する空間としてより適切である．ラベルをとり外すということは，数学的にはラベルのつけ替えにより定まる自己同型群の軌道空間をとることである．星の形 $\mathcal{S}$ の自己同型群は $0,\cdots,4$ とつけた辺のラベルを巡回的に置換させる巡回置換 (01234) と，反転させる置換 $(0)(14)(23)$ の 2 つで生成される位数 10 の 2 面体群

$$D_5 =< (01234),\ (0)(14)(23) >$$

である．したがってラベルをつけない相似類の空間は $D_5\backslash\mathcal{S}$ である．この空間を星のモジュライとよぶ．

D_5 の作用はこれまでにあたえた $\mathcal{S}$ の幾何学的構造にうまく適合している．まず D_5 の $\mathcal{S}$ への作用は，$\mathcal{S}$ の元をベクトル $(\theta,x)\in\Theta\times\mathbf{R}^5$ で表したとき，$\gamma\in D_5$ に対して

$$\gamma(\theta,x)=(\theta_{\gamma(0)},\cdots,\theta_{\gamma(4)},x_{\gamma(0)},\cdots,x_{\gamma(4)})$$

で定まる．この作用の Θ の部分への制限をとれば D_5 の Θ への作用が定まり変換群

$$(D_5,\Theta)$$

が得られ，$\nu:\mathcal{S}\to\Theta$ は軌道空間の間の射影

$$\nu_*:D_5\backslash\mathcal{S}\to D_5\backslash\Theta$$

を導く．この節の目標は，(D_5,Θ) をわかりやすく書き換えることにある．

まず一般に，奇数 $n>1$ を固定し，巡回置換 $\sigma_n=(01\cdots n-1)$ と反転

$\tau_n = (0)(12)\cdots((n-2)(n-1))$ が生成する対称群の部分群を

$$D_n =< \tau_n,\, \sigma_n >$$

で表す．D_n は位数 $2n$ の 2 面体群であり，また $\tau_n, \sigma_n\tau_n$ を生成元とする Coxeter 群でもある．複素平面 $\mathbf{C}$ の上に D_n の作用を

$$\begin{cases} \sigma_n\, z = z\, \exp\left(\dfrac{2\pi i}{n}\right), \\ \tau_n\, z = \bar{z} \end{cases}$$

で定めた変換群を

$$\mathcal{D}_n = (D_n, \mathbf{C})$$

で表す．

複素数を $z = x + iy$ とし，$R_0 = \tau_n, R_1 = \sigma_n\tau_n$ とおく．R_0 は実軸 $\{y = 0\}$ に関する鏡映，R_1 は $y = x\tan\pi/n$ に関する鏡映を定める．2 直線で囲まれる楔型を

$$\Lambda_n = \{y \geq x\} \cap \{y \leq x\tan\pi/n\}$$

とすれば，$\mathcal{D}_n$ は Λ_n が生成する鏡映変換群である．Poincaré の定理により軌道空間 $D_n\backslash\mathbf{C}$ は Λ_n と自然に同一視される．境界を

$$\partial_0\Lambda_n = \Lambda_n \cap \{y = 0\}, \qquad \partial_1\Lambda_n = \Lambda_n \cap \{y = x\tan\pi/n\}$$

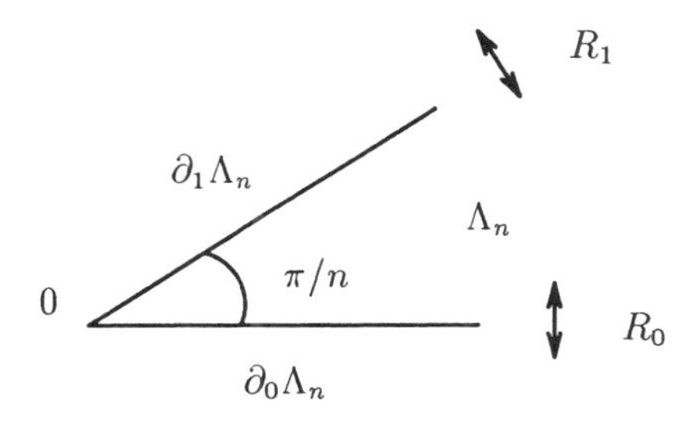

と表す．

つぎに，D_n の $\mathbf{C}^2$ 上の作用を n と互いに素な整数 $0<k<n$ を固定し

$$\begin{cases} \sigma_n(z_1,z_2)=\left(z_1\exp\left(\dfrac{2\pi i}{n}\right),\, z_2\exp\left(\dfrac{2k\pi i}{n}\right)\right), \\ \tau_n(z_1,z_2)=(\bar{z}_1,\bar{z}_2) \end{cases}$$

で定めた変換群を

$$\mathcal{D}_{n,k}=(D_n,\mathbf{C}^2)$$

で表す．この節の主命題はつぎである．

| 命題：$(D_5,\Theta)\cong\mathcal{D}_{5,2}$ |

(D_5,Θ) は $\mathcal{D}_{5,2}$ と同変である．

証明は Θ から $\mathbf{C}^2$ への微分同型で D_5 の作用と可換なものを具体的に構成することにより行うが，ad hoc であり，あまり深入りせず軽く読み流してほしい．さらに前と同様に，微分可能性のための技術的調節が煩雑になる．そこで，ここでも作用と可換な位相同型を構成することにし，対応の微分可能性を得るための調節は演習として残す．

命題を証明するため，形を対応させる写像 $\eta:\Theta\to\mathcal{T}$ を思い出す．$\mathcal{T}$ は双曲直角5角形の辺の長さ (a_0,a_1,a_2,a_3,a_4) により $\mathbf{R}^5$ に埋め込むことができた．ここで a_j はもとの5角形 P の第 j 辺の長さが0となる退化した図形の像で，$\{x_j=0\}$ が決める辺とする．これにより $\mathcal{T}$ の長さを用いた $\mathbf{R}^5$ への埋め込みのラベルづけと順序が合う．D_5 の元 γ が定める Θ の変換は自然に $\mathbf{R}^5$ の上の変換

$$\gamma(a_0,\cdots,a_4)=(a_{\gamma(0)},\cdots,a_{\gamma(4)})$$

を導き，とくに $\mathcal{T}$ 上に制限することにより変換群 $(D_5,\mathcal{T})$ が得られる．$\mathcal{T}$ がもつこの対称性を，前節で5角形的と述べた．

一方，$\mathbf{R}^5$ に埋め込んだ表示は具体的計算には向かないので，第0辺を基軸にとり，前節の p_0,q_0 を添え字を落として p,q で表し，$\mathcal{T}$ のもう1つの表示 $\mathcal{T}=\{(p,q)\in\mathbf{R}^2\,|\,0<p,q<1,\,p^2+q^2<1\}$ と Yamashita の微分同型 $\xi=\xi_0:\Theta\to\mathcal{T}\times\mathbf{B}^2$ をつかって (D_5,Θ) の詳細を調べることにする．まず

ξ^{-1} が誘導する (D_5,Θ) と同変な $\mathcal{T}\times\mathbf{B}^2$ 上の D_5 による変換群を

$$\mathcal{D}_\xi=(D_5,\mathcal{T}\times\mathbf{B}^2)$$

で表し，その作用を座標表示する．D_5 の元 σ_5,τ_5 の添え字は省略して σ,τ で表すと，

補題：$\mathcal{D}_\xi$ の変換の座標表示

$$\begin{cases}\sigma((p,q),z)=\left(\left(\sqrt{\dfrac{1-q^2}{p^2}},\sqrt{\dfrac{p^2+q^2-1}{p^2q^2}}\right),\ \dfrac{(p^2+q^2-1)(z-1)}{p^2(z-q^2)}\right),\\ \tau((p,q),z)=((q,p),\ -\bar{z}+1).\end{cases}$$

証明．基軸を第 0 辺にとったので，σ による変換は同じものを第 4 辺を基軸にとって計算すればよい．図のように補助線を引き A_4 と相似な 3 角形をつくる．あとは Yamashita の定理の自然性の計算と同様の簡単な計算で結果が得られる．τ の定める変換については，星を $x=1/2$ に添って鏡映したものがその像だから点 p^2,q^2 の像は q^2,p^2 になり，(p,q) は (q,p) に写る．また z は $-\bar{z}+1$ に変換される．　□

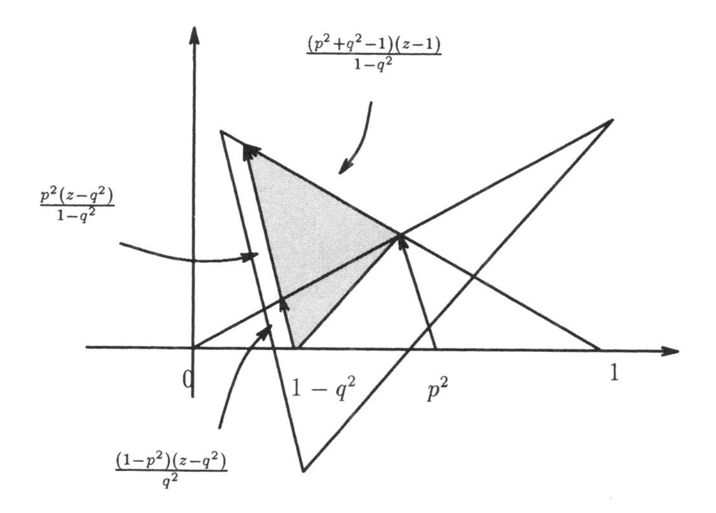

(D_5,Θ) は $\mathcal{D}_\xi$ と同変だから，命題は $\mathcal{D}_\xi$ が $\mathcal{D}_{5,2}$ と同変であることを示せば十分．上の補題により，作用は $\mathcal{T}$ の部分と $\mathbf{B}^2$ の部分に適当に分解している．これを利用し，変換群 $(D_5,\mathcal{T})$ が $\mathcal{D}_5$ と位相的に似ていることを具体的に見る．

変換 τ は直線 $q=p$ を固定し，$\sigma\tau$ は曲線 $q^2+1=1/p^2$ を固定する．この 2 曲線の交点は D_5 の固定点である．固定点の座標はあとで何度か出てくるので，(c,c) で表す．ただし c は $c^2=(\sqrt{5}-1)/2$ をみたす正の数である．2 曲線で囲われる $\mathcal{T}$ 内の上側の 2 辺形領域を

$$\Lambda=\{q\geq p\}\cap\{q^2+1\geq 1/p^2\}$$

とする．さらに境界の部分を

$$\partial_0\Lambda=\Lambda\cap\{q=p\},$$
$$\partial_1\Lambda=\Lambda\cap\{q^2+1=1/p^2\}$$

とおく．このとき $\tau=R_0,\sigma\tau=R_1$ とすると，$R_1\Lambda,R_1R_0\Lambda,\cdots,(R_1R_0)^5\Lambda$ はこの順で Λ の頂点を中心とし $\mathcal{T}$ を境界のみに共通点をもつように敷き詰めることがわかる．したがって Λ は $D_5\backslash\mathcal{T}$ と自然に同一視できる．Λ は歪んだ 2 辺形であり，D_5 の作用は，以下で見るように Λ が生成する鏡映変換群と

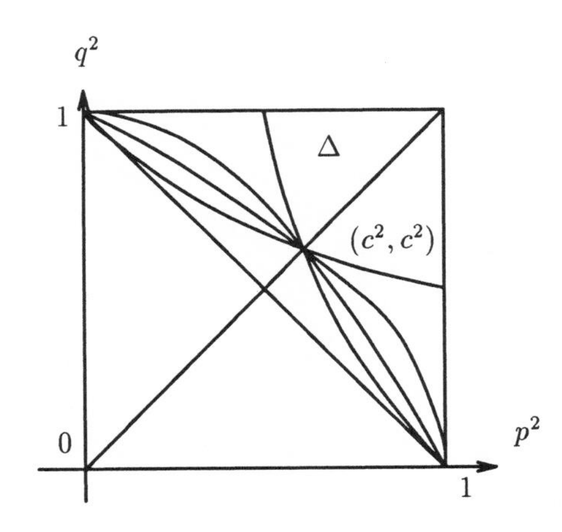

本質的に同じになっている．

補題：$(D_5, \mathcal{T}) \cong \mathcal{D}_5$　$(D_5, \mathcal{T})$ は $\mathcal{D}_5$ に同変である．

証明．Λ から Λ_5 への微分同型 f を

$$f((c,c)) = 0,$$
$$f(\partial_j \Lambda) = \partial_j \Lambda_5, \quad j = 0, 1$$

となるように選ぶ．このとき写像

$$F : \mathcal{T} \to \mathbf{C}$$

を，$(p,q) \in \mathcal{T}$ に対し，$\gamma \in D_5$ として $\gamma(p,q) \in \Lambda$ となるものを 1 つ選び，

$$F((p,q)) = \gamma^{-1} f(\gamma(p,q))$$

により定める．f の定義と作用の性質から，F は γ のとりかたによらず定まり位相同型であることが確かめられる．f をうまくとれば F が微分同型となるようにできるが，詳細は演習とする．

定義から F は任意の $\gamma \in D_5$ に対して可換であることが確かめられ，同変対応 $(D_5, \mathcal{T}) \cong \mathcal{D}_5$ を導く．　□

この補題により $\mathcal{D}_\xi$ の $\mathcal{T}$ 部分については F により $\mathcal{D}_5$ と同変になることがわかった．そこで $\mathcal{D}_\xi$ と $(F^{-1}, 1_{\mathbf{B}^2}) : \mathbf{C} \times \mathbf{B}^2 \to \mathcal{T} \times \mathbf{B}^2$ が誘導する $\mathbf{C} \times \mathbf{B}^2$ 上の変換群を

$$\mathcal{D}_F = (\mathcal{D}_5, \mathbf{C} \times \mathbf{B}^2)$$

で表す．$\mathcal{D}_F$ の $\mathbf{C}$ 因子への作用は原点を固定する．したがって $\{0\} \times \mathbf{B}^2$ は D_5 の作用で不変である．D_ξ の表示から，R_0 は $x = 1/2$ を固定する鏡映，また R_1 は $|z - (1 - c^2)| = (1 - c^2)$ を固定する鏡映であることが計算できる．ここで $c^2 = (\sqrt{5} - 1)/2$ であり，$x = 1/2$ と $|z - (1 - c^2)| = (1 - c^2)$ は $(1 + i \tan \pi/5)/2$ で交わり，その角度は $2\pi/5$ である．

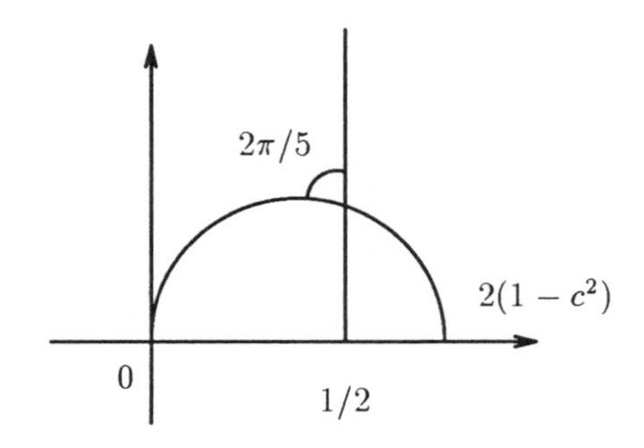

比較したい変換群 $\mathcal{D}_{5,2}$ は $\mathbf{C}^2$ の上で定義されているので，これを $\mathbf{C}\times\mathbf{B}^2$ 上の同変な変換群に移す． $\mathbf{C}$ の点の極座標表示を (r,ω) で表す．

$$(r,\omega)\to(r/(r+1),\omega)$$

であたえられる $\mathbf{C}$ から単位円板の内部への写像と，3 点 $1,-1,0$ をそれぞれ

$$1\to\infty,\quad -1\to 1/2,\quad 0\to\frac{1+i\tan\pi/5}{2}$$

に移す 1 次分数変換の合成を E で表す． $\mathbf{C}$ の E による像は上半平面 $\mathbf{B}^2$ である．また $\mathbf{C}$ の実軸は $x=1/2$ に，原点は $\{0\}\times\mathbf{B}^2$ 上の D_5 による作用の固定点に写される． $\mathcal{D}_{5,2}$ と $(1_{\mathbf{C}},E^{-1}):\mathbf{C}\times\mathbf{B}^2\to\mathbf{C}^2$ が誘導する $\mathbf{C}\times\mathbf{B}^2$ 上の変換群を

$$\mathcal{D}_E=(\mathcal{D}_5,\mathbf{C}\times\mathbf{B}^2)$$

で表す． $\mathcal{D}_E$ は $\mathcal{D}_{5,2}$ と同変である． $\mathcal{D}_E,\mathcal{D}_F$ はともに $\{0\}\times\mathbf{B}^2$ を不変にしており，作用はそこでは一致する．

命題：$(D_5,\Theta)\cong\mathcal{D}_{5,2}$ の証明 $\mathcal{D}_E$ と $\mathcal{D}_F$ が同変であることを，直接写像を構成して示す．そのため， $\Lambda\times\mathbf{B}^2$ の状況を $\mathcal{D}_\xi$ の変換の座標表示を用いて調べる． $(p,q)\in\partial_0\Lambda$ のとき $q=p$ で

$$R_0((p,q),z)=((p,q),-\bar{z}+1).$$

したがって R_0 は各 $\{(p,p)\}\times\mathbf{B}^2$ を不変に保ち，そこで $x=1/2$ を固定する鏡映変換を定めている．また $(p,q)\in\partial_1\Lambda$ のときは $q^2+1=1/p^2$ で，

$$R_1((p,q),z)=\left(\left(p,\sqrt{\frac{1}{p^2}-1}\right),\ \frac{(p^2+q^2-1)\bar{z}}{q^2(\bar{z}-1+p^2)}\right).$$

ゆえに R_1 は各 $\{(p,\sqrt{1/p^2-1})\}\times\mathbf{B}^2$ を不変に保ち，そこで $|z-(1-p^2)|=(1-p^2)$ を固定する鏡映変換を定めている．

$\partial_1\Lambda$ の p 座標への射影 $p:\partial_1\Lambda\to\mathbf{R}$ は半開区間 $(\sqrt{1/2},c]$ への微分同型であった．上の補題の $f:\Lambda\to\Lambda_5\in\mathbf{C}$ を $\partial_1\Lambda$ へ制限し絶対値をとったものを $|f|$ で表すと，$|f|:\partial_1\Lambda\to[0,\infty)$ は微分同型である．$r\in[0,\infty),\omega\in[0,\pi/5]$ に対し

$$\lambda_r=\frac{1-p(|f|^{-1}(r))^2}{1-c^2},$$
$$\lambda_{r,\omega}=\frac{5}{\pi}\left(\left(\frac{\pi}{5}-\omega\right)+\lambda_r\omega\right)$$

と定め，さらに $\Lambda_5\subset\mathbf{C}$ の各点を極座標 (r,ω) で表し，$\Lambda_5\times\mathbf{B}^2$ の自己微分同型 h を

$$h((r,\omega),z)=((r,\omega),\lambda_{r,\omega}z)$$

で定める．

h は定義により，$\partial_0\Lambda_5\times\mathbf{B}^2$ の上では恒等写像である．$\mathcal{D}_E,\mathcal{D}_F$ の R_0 が定める変換はこの部分を不変にする．さらに h の $\partial_0\Lambda_5\times\mathbf{B}^2$ への制限は $<R_0>$ の作用に関して同変である．また h は $\partial_1\Lambda_5\times\mathbf{B}^2$ の上では r が増大するにつれて各 $\mathbf{B}^2$ の座標を λ_r 倍するという写像である．λ_r 倍という写像は $\mathbf{B}^2$ の等長変換である．$\mathcal{D}_E,\mathcal{D}_F$ の R_1 が定める変換はこの部分を不変にする．さらに h の $\partial_1\Lambda_5\times\mathbf{B}^2$ への制限は，各 r の時点で R_1 の固定点集合を固定点集合に写すので $<R_1>$ の作用に関して同変である．さらに $\{0\}\times\mathbf{B}^2$ においては h は恒等写像で，$\mathcal{D}_E,\mathcal{D}_F$ のこの部分への制限は同じもだからやはり同変である．そこで f から F をつくったのと同様な方法で，h から写像

$$H:\mathcal{D}_E\to\mathcal{D}_F$$

を，$((r,w),z) \in \mathbf{C} \times \mathbf{B}^2$ に対して，$\gamma \in \mathcal{D}_5$ として $\gamma(r,w) \in \Lambda_5$ となるものを 1 つ選び，

$$H(((r,w),z)) = \gamma^{-1} h(\gamma((r,w),z))$$

により定める．このとき，H は γ のとりかたによらず定まる微分同型であることが，h がもつ条件から確かめられる．　□

(蛇足)　D_5 の S への作用はただ 1 つの固定点 $*$ をもつ．$\nu(*)$ はすべての角度が等しい点 θ^* である．$\nu^{-1}(\theta^*)$ は双曲正直角 5 角形で D_5 はその上に 2 面体群として自然に作用し，$*$ はその中心点である．$*$ は P が正 5 角形となる星を表し，アメリカ国防総省 (Pentagon) のような歪みがないものが星の世界の中心に位置することを示している．

§4.　結 び 目 と の 関 連

$\mathcal{D}_{n,k}$ の軌道空間　結び目とは，空間のなかの閉じた紐のことである．この最後の節では，変換群 $\mathcal{D}_{n,k}$ の軌道空間と結び目との関連を，多くの知識を仮定して結びつけ，読者に今後の興味の材料を提供したい．結び目理論の全般的な参考書として，最近出版された [河内] をあげておく．

変換群 $\mathcal{D}_{n,k} = (D_n, \mathbf{C}^2)$ を詳しく見なおす．D_n の作用は，$\mathbf{C}^2$ の原点中心の半径 r の球面

$$\mathbf{S}^3_r = \{(z_1, z_2) \in \mathbf{C}^2 \mid |z_1|^2 + |z_2|^2 = r\}$$

を不変にする．σ_n が生成する D_n の巡回部分群を $\mathbf{Z}_n$ で表すと，群を $\mathbf{Z}_n$，空間を $\mathbf{S}^3_r$ に制限することにより変換群

$$\mathcal{Z}_{n,k} = (\mathbf{Z}_n, \mathbf{S}^3_r)$$

が得られる．

$\mathcal{Z}_{n,k}$ は，球面幾何学では有名な，任意の元の固定点集合が空の不連続群である．軌道空間はレンズ空間とよばれる3次元多様体であり，

$$L(n,k)$$

と表される． r の値を 0 から ∞ に動かすことにより， $\mathbf{Z}_n\backslash\mathbf{C}^2$ は $L(n,k)$ の開錐と位相同型であることがわかる．

D_n のその他の元は $\sigma^j\tau\sigma^{-j}$, $j=0,\cdots,4$ と表され，対応する変換は，おのおの余次元2の平面を固定する 180 度回転である． $\sigma^j\tau\sigma^{-j}$ が固定する平面は

$$K_j=\left\{(z_1,z_2)\in\mathbf{C}^2 \;\middle|\; z_1\exp\left(\frac{-2j\pi i}{n}\right),\, z_2\exp\left(\frac{-2jk\pi i}{n}\right)\in\mathbf{R}\right\}$$

であり，各 K_j は原点だけで互いに交わる． K_j は $\mathbf{S}^3_r$ と閉直線で交わり，

$$\mathbf{S}^3_r\cap\bigcup_j K_j$$

は $\mathbf{S}^3_r$ 内の5本の互いに交わらない閉直線である．

$\mathbf{Z}_n$ はこれら閉直線の孤状連結成分に推移的に作用し， $\mathbf{S}^3_r\cap\cup_j K_j$ は軌道空間 $L(n,k)$ のなかの結び目

$$K\subset L(n,k)$$

に射影される．さらに $\mathbf{Z}_n$ は D_n の正規部分群であるから，各 $\sigma^j\tau\sigma^{-j}$ は $L(n,k)$ の同じ変換

$$T:L(n,k)\to T(n,k)$$

を誘導する． T は K を固定点集合とする位数2の変換である．

トポロジーらしいダイナミックな議論を経ると， $L(n,k),K,T$ はつぎのように位相的に記述することができる．まず $L(n,k)$ を下図のような中身の詰まった T 不変な円環面の2つの和として分解する． T は円環面を横に貫く軸に関する 180 度回転として表される．組 (n,k) に対し，右の円環面の表面か

2 copies

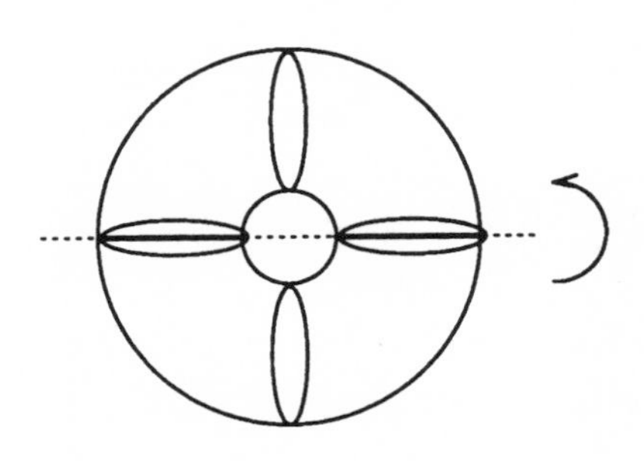

ら左の円環面の表面への T の作用と可換な位相同型で，それにより 2 つの円環面を貼り合わせると $L(n,k)$ が得られるものが存在する．写像の定義は [河内，付録 C.2] を参照．T の固定点集合は，T の回転軸と円環面との共通部分になる．

この記述を用いて軌道空間 $<T>\backslash L(n,k)$ を見る．中身の詰まった円環面による $L(n,k)$ の分解は $<T>$ の作用で不変であるから，$<T>\backslash L(n,k)$ はおのおのを $<T>$ で割ったものにより分解される．それぞれは 3 次元球体と位相同型で，内部に T の固定点集合の像がまっすぐにのびる 2 本の紐としてある．このような対象を結び目理論では自明なタングルという [河内，第 3 章]．

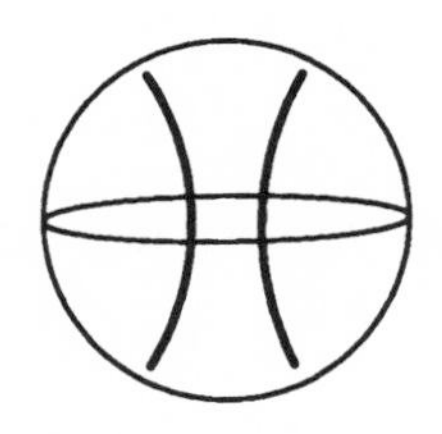

$<T>\backslash L(n,k)$ は 2 つの自明なタングルを表面で紐の端点がつながるように適当な位相同型で貼り合わせたものである．とくに空間は 2 つの球体の和となり 3 次元球面と位相同型であり，$<T>$ の固定点集合の像は結び目を定める．結び目の型は (n,k) によって決まる．$\mathcal{D}_{n,k}$ の軌道空間は，r の値を 0 から ∞ に動かして得られるので，3 次元球面と結び目の対の開錐である．

2橋結び目 2つの自明なタングルの和として表される3次元球面の結び目を2橋結び目という [河内, 第2章]. とくに $\mathcal{D}_{n,k}$ の軌道空間の特異点のまわりに現われる結び目は2橋結び目である.

上の結び目の構成の逆を, 一般の2橋結び目に対して行う. まず, 位数2の変換で割った操作の逆は, 結び目の2重分岐被覆 [河内, 第10章, 付録 B.5] をとる操作に対応する. 2橋結び目の2重分岐被覆は, 各自明なタングルが中身の詰まった円環面にもち上がるので, 得られる3次元多様体は2つの中身つき円環面の和である. このような多様体はレンズ空間にかぎられる.

レンズ空間の普遍被覆をとれば, 3次元球面が得られる. この2段階の被覆に関する被覆変換は3次元球面上の2面体群作用を定める. このようにして得られる3次元球面上の2面体群作用は本質的には $\mathcal{D}_{n,k}$ の $\mathbf{S}^3$ への制限と同じであることが示せる. したがって任意の2橋結び目は, ある $\mathcal{D}_{n,k}$ の軌道空間の特異点のまわりに現われる.

8の字結び目 2橋結び目は有名な結び目をいくつか含んでいる. その代表例が $\mathcal{D}_{3,1}$ と $\mathcal{D}_{5,2}$ に対応するものである.

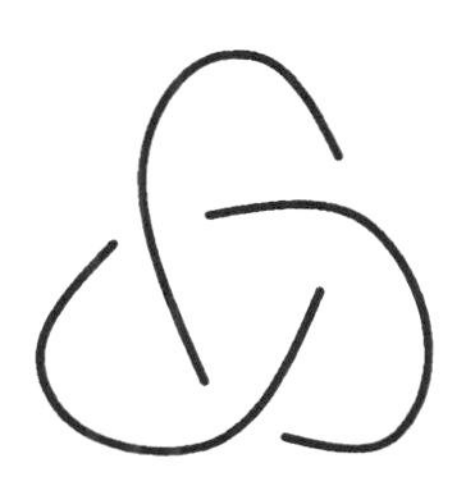

$\mathcal{D}_{3,1}$ に対応する結び目は Trefoil とよばれ, 結び目といえば これを指すほど有名である. Trefoil を表現する方法, あるいは どこかに自然に出現する回数などは, 他に比べ群を抜いて多い. 空間に幾何学的な構造をあたえるという立場からは, たとえば Trefoil の補空間は,

$$\widetilde{\mathrm{SL}(2,\mathbf{Z})}\backslash\widetilde{\mathrm{SL}(2,\mathbf{R})}$$

と位相同型であることが興味深い. ここで $\widetilde{\mathrm{SL}(2,\mathbf{R})}$ は $\mathrm{SL}(2,\mathbf{R})$ の普遍被覆

群で，$\widetilde{\mathrm{SL}(2,\mathbf{Z})}$ は そこへの $\mathrm{SL}(2,\mathbf{Z})$ の逆像である．この表示により Trefoil は $\widetilde{\mathrm{SL}(2,\mathbf{R})}$ がもつ幾何的性質を多く受け継いでいることがただちにわかる．

星のモジュライの特異点のまわりに現われた変換群 $\mathcal{D}_{5,2}$ に対応する結び目は，8 の字とよばれ，これも有名になる根拠がいくつも知られている．本書の立場から興味深いのは，[Reily] により示された補空間が

$$\Gamma\backslash\mathrm{PSL}(2,\mathbf{C})/\mathrm{SO}(3)=\Gamma\backslash\mathbf{H}^3$$

と位相同型という事実である．ここで Γ は $\mathrm{PSL}(2,\mathbf{Z}[\sqrt{-3}])$ のある指数 8 の部分群．この事実は講義録 [Thurston 1] の出発点であった．

Reily の位相同型の構成は複雑ではない．まず位相的に 4 面体を 2 つ用意し，図に記された規則で貼り合わせる．結果は，頂点をただ 1 つもち，2 つの辺にそれぞれ 6 つの 4 面体の陵が集まる複体が得られる．頂点をとり除いて得られる空間は，8 の字の補空間に位相同型であることが示せる（こういうところを記述するのは厄介）．そこですべての面角が 60 度である双曲理想正 4 面体を用いれば，4 面体の双曲構造が空間の幾何構造に延長される．あとは貼り合わせの条件から群を計算すればよい．

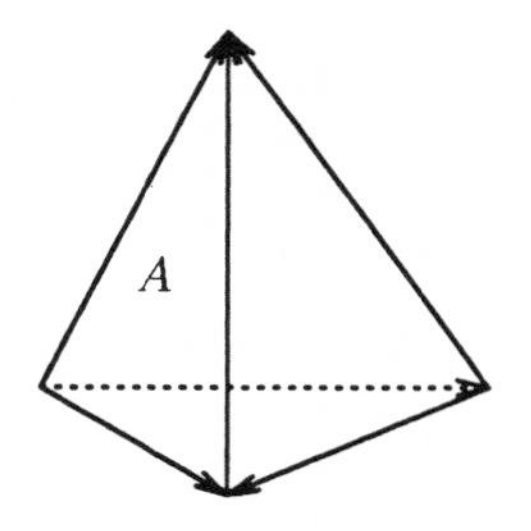

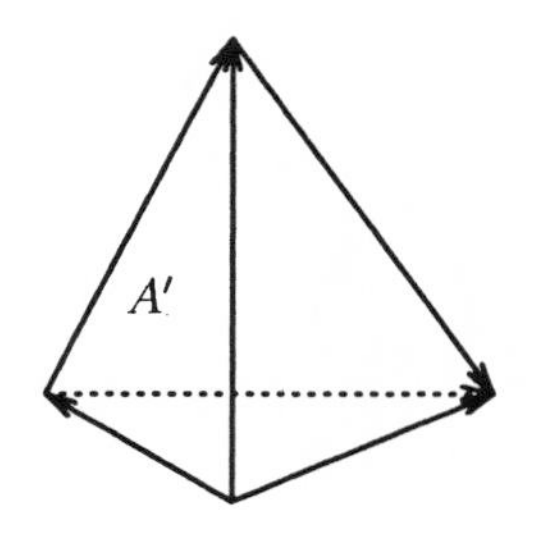

この表示により，双曲幾何学は 8 の字結び目と強く結びついていることがわかる．一方，星のモジュライの解析にも，なぜか双曲幾何学と 8 の字結び目が出現した．偶然とはいえ面白い巡り合わせである．両者には，まだ知られていないこれらの現象を同時に説明する深い結びつきがあるのかもしれない．

参考文献

この本を読むための基礎とした線型代数，微積分については，第I章であげたように，

[斎藤]　斎藤正彦「線型代数入門」東京大学出版会，基礎数学 1

[佐武]　佐武一郎「線型代数学」裳華房，数学選書 1

[杉浦]　杉浦光夫「解析入門」I，II，東京大学出版会，基礎数学 2，3

などが適当な参考書である．いずれも基本的な事柄がていねいに解説されている．位相空間論と群論については，

[加藤 1]　加藤十吉「集合と位相」朝倉書店

[松本 1]　松本幸夫「トポロジー入門」岩波書店

[森田]　森田康夫「代数概論」裳華房，数学選書 9

などが読みやすいだろう．多様体，Lie 群，変換群については，

[松島]　松島与三「多様体入門」裳華房，数学選書 3

[服部]　服部晶夫「多様体」岩波全書

[松本 2]　松本幸夫「多様体の基礎」東京大学出版会，基礎数学 5

などが腰を据えて読むのに適当．これらの本の抽象的定義とは違え，本書では多様体を

[Milnor 1]　J. Milnor, Topology from the differentiable viewpoint, the University Press of Virginia.

にしたがい数空間の部分空間に限定したが，本質的な制限にはなっていない．

Sard-Brown の定理の証明は，[Milnor 1] か，日本語ならば

[足立]　足立正久「微分位相幾何学」共立出版，共立講座現代の数学 14

にある．

第 III 章以降で引用した文献で，一般の書店で手に入るものは以下である．

[Wolf]　A. J. Wolf : *Spaces of Constant Curvature*, McGraw-Hill, New York.

[田村]　田村二郎「解析関数（新版）」裳華房，数学選書 2

[加藤 2]　加藤十吉「位相幾何学序論」裳華房，数学シリーズ

[Singer-Thorpe]　I. M. Singer and J. A. Thorpe : *Lecture Notes on Elementary Topology and Geometry*, UTM, Springer.

[今吉 - 谷口]　今吉洋一・谷口雅彦「タイヒミュラー空間論」日本評論社

[河内]　河内明夫「結び目理論」シュプリンガーフェアラーク東京

なお [Singer-Thorpe] については，日本語訳，赤攝也監訳「トポロジーと幾何学入門」が，培風館から出版されている．

以下は，一般の書店では手に入らない論文等である．出版されているものは大学の数学科の図書館にはあるだろう．未出版のものは直接論文の著者に請求するか，もっている人を見つけ借りるほかは，手に入れる方法はない．

[Satake]　I. Satake, The Gauss-Bonnet theorem for V-manifolds, *J. Math. Soc. Japan*, **9** (1957), 464 - 492.

[Thurston 1]　W. P. Thurston, The geometry and topology of 3-manifolds, Princeton University, 講義録

[Wada]　M. Wada, Conjugacy invariants of Möbius tranformations, *Complex Variables*, **15** (1990), 125 - 133.

[Conway-Jones]　J. H. Conway and A. J. Jones, Trigonometric diophantine equations (On vanishing sums of roots of unity), *Acta Arith.*, **30** (1976), 229 - 240.

[Reily]　R. Reily, Discrete parabolic representations of link groups, *Mathematika*, **22** (1975), 141 - 150.

つぎの 2 篇は 80 年の Poincaré の数学的遺産をめぐるシンポジウムの招待講演で発表された論文である.

[Thurston 2]　W. P. Thurston, Three dimensional manifolds, Kleinian groups and hyperbolic geometry, *Bull. Amer. Math. Soc.*, **6** (1982), 357 - 381.

[Milnor 2]　J. Milnor, Hyperbolic geometry: The first 150 years, *Bull. Amer. Math. Soc.*, **6** (1982), 9 - 24.

第 V 章は Thurston の講演の内容をもとにしたが，次の論文ではその複素数版である多面体の形の空間の複素双曲幾何学による解釈が述べられている.

[Thurston 3]　W. P. Thurston, Shapes of Polyhedra, preprint.

86 年に発表されたが，まだ出版されていないようである．またこの本で扱った蝶変換に関する記述はない．第 VI 章は次の論文の紹介である.

[Kojima-Yamashita]　S. Kojima and Y. Yamashita, Shapes of Stars, *Proc. Amer. Math. Soc.*, **117** (1993), 845 - 851.

最後に，双曲幾何学を中心とした和書としてつぎの 2 冊が最近出版されたことを記す.

[中岡]　中岡稔「双曲幾何学入門」サイエンス社

[谷口-松崎]　谷口雅彦・松崎克彦「双曲的多様体とクライン群」日本評論社

第 VII 章（増補）

彩色多角形の形

第 V, VI 章では，外角が一定の多角形，および外角が固定されない星型 5 角形の形の空間を双曲幾何を用いて理解した．本章では，その自然な延長としてわかる，頂点に色を塗った等角多角形の形の空間の大域的構造について解説し，さらに 5 角形について，外角を固定しないときの形の空間の構造変形について論じる．最後に参考文献を追加する．

§1.　等角彩色多角形

第 V 章では，本当の等角 n 角形の形からなる空間が Thurston による見事な議論により $(n-3)$ 次元双曲凸多面体 Δ_n の内部と同一視できることを示した．厳密には，基準となる頂点を指定し反時計回りに $0, 1, \cdots, n-1$ と頂点をラベル付けし，Δ_n の内部をこのようにラベル付けされた頂点をもつ等角 n 角形のラベルを保つ相似類の集合と同一視した．

本章では視点を変えて，ラベルは頂点の名前を表す固有名詞とみなし，彩色とよぶことにする．一般に彩色というときは，異なる頂点に同じ色をあたえることも許すが，本章ではそれは許さない．すなわち頂点はすべて互いに異なる色が塗られるとする．このように頂点が色付けされた多角形を彩色多角形という．

彩色 n 角形には，まず n 個の頂点に色をあたえる必要がある．n はいくらでも大きくなりうるので，彩色に必要な色はまた数字で表し，その集合を $\{0, 1, \cdots, n-1\}$ とする．色であれば大小の順は意味をもたないので，塗る色の並び方は全く自由とする．

彩色 n 角形の頂点の色を反時計回りに読むと $\{0, 1, \cdots, n-1\}$ の順列が得られる．基準となる頂点はとくにないから，始点を変えて得られる順列は巡回置換で変わる．また反転させ彩色を読むと，順列は反転する．つまりこのようにして得られる順列は，巡回置換および反転が生成する置換を法としてだけ意味がある．そこですべての順列に巡回置換および反転が生成する同値関係をあたえ，その同値類を鏡円順列とよぶことにする．

等角彩色 n 角形の彩色を保つ相似類の集合を考える．$\{0, 1, \cdots, n-1\}$ の順列 $i_0 i_1 \cdots i_{n-1}$ が代表する鏡円順列を $\langle i_0 i_1 \cdots i_{n-1} \rangle$ で表す．鏡円順列 $p = \langle i_0 i_1 \cdots i_{n-1} \rangle$ を 1 つ指定すると，彩色が p にしたがう等角彩色 n 角形の彩色を保つ相似類の集合は，彩色が一定なので第 V 章の議論により Δ_n の内部と同一視することができる．そのような多面体は彩色によるので $\Delta_{n,p}$，あるいは以降の議論では n は固定するので単に Δ_p で表す．異なる鏡円順列にしたがう彩色をもつ等角彩色多角形同士はけっして彩色を保つ相似変換ではうつり合えないので，考える集合は，Δ_p の内部のすべての鏡円順列をわたる交わりのない和と同一視することができる．鏡円順列の個数は $(n-1)!/2$ であり，$(n-1)!/2$ 個の Δ_n の交わりのない和である．このように考えると話はあっという間に終わってしまうが，もう少し Δ_p の境界の構造を考え直してみよう．

第 V 章での議論を思い出す．120 ページで

$$\partial_j \Delta_n = \Delta_n \cap H_j$$

により Δ_n の面を表したが，ここで H_j は j とラベルがついた辺が退化した $\{a_j = 0\}$ となる超平面であった．これは j と $j+1$ という色が塗られた頂点が衝突して，その間の辺が退化する等角 n 角形に対応していた．しかし本章では頂点の色は順番がないので，1 つの色で辺を記述するのはうまくない．そこで退化する辺を挟む頂点の色を並べ，たとえば j と i で塗られ

た頂点に挟まれている辺は (ji) により表すことにする．練習のため $n=5$ の場合について，$p=\langle 01234\rangle$ および $p'=\langle 10234\rangle$ に対応する Δ_p と $\Delta_{p'}$ の図を描いてみる．

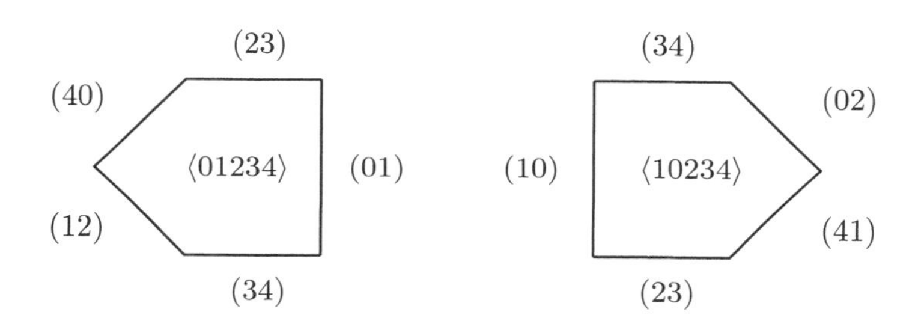

ここで (01) と (10) によりラベル付けられた辺の意味を考える．両辺上の点は，0, 1 で塗られた頂点の間の辺が退化する等角 5 角形，実は 4 角形を表す．そのような 4 角形の頂点の色を読むには，(01), (10) が新たな色だと考えるのがうまい．さらに色の順番は衝突している状況では意味がなく，$(01)=(10)$ と考えるのが妥当である．この場合，辺を表す鏡円順列として $\langle(01)234\rangle=\langle(10)234\rangle$ とみなせ，それぞれは実は同じ退化した 4 角形からなる集合である．

一般の n についても，異なる鏡円順列にしたがう Δ_p 同士が共通の退化した多角形に対応する面を持っている．そこで，等角彩色 n 角形の彩色を保つ相似類の集合に，各連結成分 Δ_p の境界に現れる辺が退化した彩色多角形の彩色を保つ相似類も加えた集合を $\mathcal{X}_n$ で表すことにする．$\mathcal{X}_n$ は，Δ_p の面に対する考察から，$(n-1)!/2$ 個の鏡円順列でラベル付けられた Δ_p たちを，対応する面に沿って貼り合わせて得られる図形と同一視される．簡単にわかることだが，異なる彩色にしたがう等角彩色多角形はいくつかの退化した多角形を経由して結ばれる．したがって $\mathcal{X}_n$ は弧状連結である．

まず $n=5$ の場合を調べる．大域的なつながりを見るため，辺を表す記号は隣接する頂点を組にするだけでなく，鏡円順列も記号に込めることにして，たとえば $(01)234, (10)234$ などと記す．つぎは，$(5-1)!/2=12$ 枚の双曲直角正 5 角形が互いに隣接する様子を模式的に表した図である.

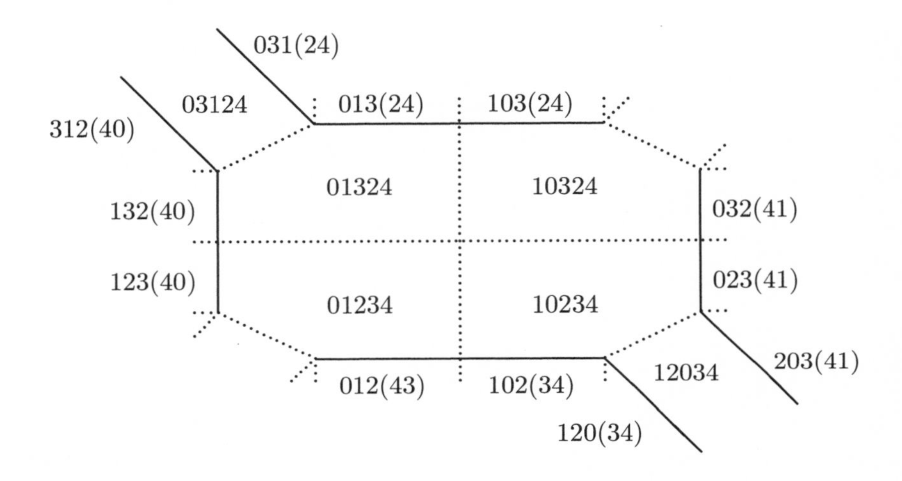

この図から観察できることは，辺が直線なので，双曲構造が自然に一方の 5 角形から隣の 5 角形に延長し，とくに辺の内点の近傍は双曲平面の開集合と等長的である，および頂点のまわりは直角切片が 4 つ集まるのでその近傍も同様，の 2 点である.

このように各点の近傍が双曲空間の開集合と等長的である Riemann 多様体を双曲多様体という．Euclid 多様体や球面多様体も同様に定義される．以上の考察により，$\mathcal{X}_5$ は 2 次元双曲多様体，あるいは単に双曲曲面，であることがわかった.

$\mathcal{X}_5$ のトポロジーは，(ij) とラベル付けされた辺の様子から向き付け不可能であることに注意すれば，閉曲面の分類定理によりオイラー標数を計算すればわかる．組み合わせ構造は明白で，12 枚の 5 角形からなるセル分割をもち，頂点には 4 つの辺が集まる．したがって

$$\chi(\mathcal{X}_5) = 12 - \frac{12 \cdot 5}{2} + \frac{12 \cdot 5}{4} = -3$$

であり，$\mathcal{X}_5$ は射影平面 $\mathbf{RP}^2$ を 5 つ連結和した閉曲面 $\#^5\mathbf{RP}^2$ と位相同型になる．閉曲面の向き付けや分類定理，射影平面，連結和などに不案内な読者はトポロジーの入門書を参照するとよい．

$n=6$ の場合，Δ_6 は第 V 章で記したとおり 2 つの本当の頂点と 3 つの理想頂点をもつ 6 面体である．余次元 2 の面での面角は直角で，Klein モデルでは $(0,0,0)$, $(1,0,0)$, $(0,1,0)$, $(0,0,1)$ が張る 4 面体と，それを原点を含まない面に関して鏡映変換した 4 面体の和として表すことができる．$\mathcal{X}_6$ の構成要素の大域的な貼り合わせを表現するのは煩雑なので，1 つの辺を共有する 4 つの 6 面体の隣接関係を記す図をあたえる．

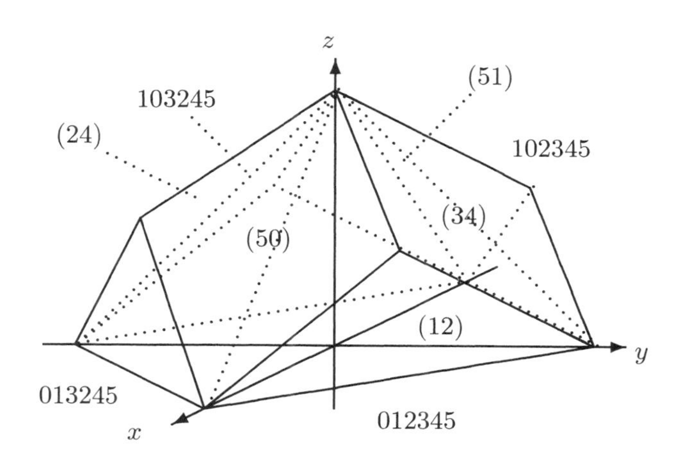

以上の考察を一般の $n \geq 5$ について拡張するため，新しい概念を一つ用意する．$\mathcal{X}_n$ の構成は，双曲凸多面体を等長的な面を貼り合わせて得られる．

そこで一般に n 次元双曲凸多面体の族を等長的な余次元 1 の面に沿って貼り合わせて得られる空間を考える．貼り合わせを指定する対は互いに共通な面を含まず，多面体の族の余次元 1 のすべての面がいずれかの対に現れる，すなわち面が対で尽くされるとする．このとき得られた空間を双曲錐多様体とよぶ．等長的な面で貼り合わせているので，面の内点は貼り合せの後は双曲空間の開集合と等長的な近傍をもつ．しかし面の境界の点ではなにも条件を課していないので，$n = 5$ の場合のように双曲構造が延長されることは必ずしも仮定しない．余次元 2 の面は，以下の図のように余次元 2 の面の内点の切断を見ると，さまざまな角度をもった楔状の図形が集まり，点の周りの角度が 2π である保証がない．実際 2π でないときは錐状の特異点が生じる．これが錐という名前の由来である．Euclid 錐多様体や球面錐多様体も同様に定義できる．

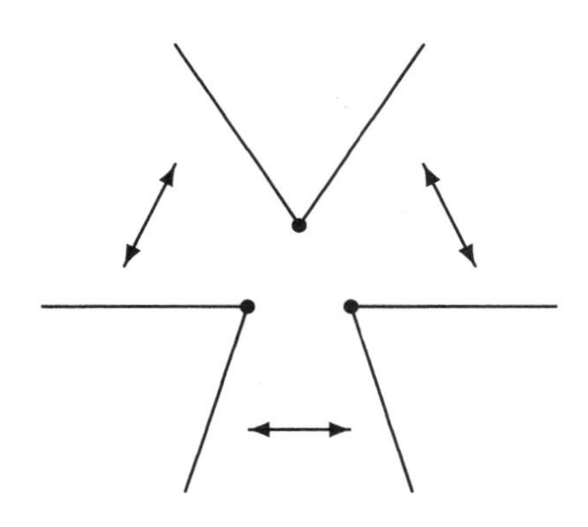

（蛇足）錐多様体の底空間が多様体であるとき，各点の近傍は球面錐多様体の錐としての構造をあたえることができる．この事実を発展させて，錐多様体をより一般の幾何学に対しても次元を用いて帰納的に定義することができる．錐多様体という自然な Riemann 幾何の概念は 20 年近く前に始まるが，組織的な研究は始まったばかりで，定義も定着していない．しかしこ

の章で考える錐多様体はいずれの定義にもあてはまる素朴なものである.

一般の場合の考察を始める. $\mathcal{X}_n$ は双曲多面体を貼り合わせて構成される. まず余次元 1 の面について考える. 余次元 1 の面は, i, j と色付けられた 2 つの隣接する頂点が衝突し, 挟まれた辺が退化する多角形に対応し, (ij) と記された. そこで i, j が隣接した鏡円順列 $p = \langle iji_2 \cdots i_{n-1} \rangle$ を 1 つとり, Δ_p の面 (ij) を共有する他の多面体を探す. このとき $\mathcal{X}_n$ の貼り合わせの定義から, 衝突した頂点が微小変形で分離できるためには他の彩色の順序は同じでなければならない. さらに分離方法は i, j または j, i の順に左右に分ける 2 通りしかない. したがって探している成分のラベルは $p' = \langle jii_2 \cdots i_{n-1} \rangle$ に限られる. すなわち各面は錐多様体を構成するための貼り合わせ条件をみたし, $\mathcal{X}_n$ は双曲錐多様体である.

特異点の状況を調べるため, 多面体 Δ_n の組み合わせ的構造を復習しておく. Δ_n の余次元 2 の面は, 2 つの辺が同時に退化した多角形に対応する. 120 および 121 ページの補題から, $n \geq 7$ ではかってな 2 つの辺が同時に退化することがあるが, $n \leq 6$ では隣接する辺が同時に退化することは不可能であることがわかる.

まず隣接しない 2 つの辺が退化するときを考える. i, j と k, l をすべて互いに異なる色からなる 2 色の組として, この 2 組の対を部分対として含む鏡円順列を 1 つとる. そして Δ_p の余次元 2 の面 $(ij)(kl) = (ij) \cap (kl)$ を共有する他の多面体を探す. 前と同様に衝突した頂点以外の頂点の彩色順は不変でなければならず, また衝突頂点の分離方法は i, j および k, l をそれぞれ左右に分ける 4 通り. したがって Δ_p に $(ij)(kl)$ で隣接する成分は 3 つある. 一方隣接しない辺の退化に対応する余次元 2 の面の面角は直角なので, このような余次元 2 の面の内点の近傍は, 双曲空間のある開集合と等長的である. ここまでの議論で, とくに $n = 5$ の場合は $\mathcal{X}_5$ に特異点が生じないことがわかる.

つぎに隣接する 2 つの辺が同時に退化して生じる余次元 2 の面を考える. i, j, k を色の 3 対として, それを含む鏡円順列 $p = \langle ijki_3 \cdots i_{n-1} \rangle$ を 1 つとる. このときΔ_p の余次元 2 の面 $(ijk) = (ij) \cap (jk)$ を共有する他の多面体は，衝突した頂点以外の頂点の彩色の順序は一定なので，i, j, k を左右に分ける $3! = 6$ 通りの分離方法に対応し 6 つある．したがって Δ_p に (ijk) で隣接する成分は 5 つある．

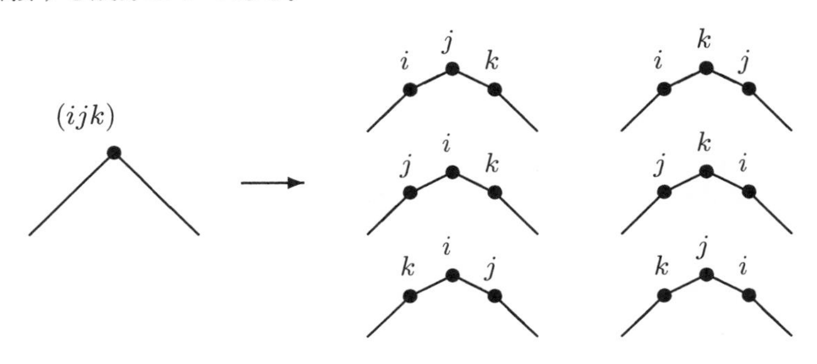

ところで 2 つの隣接する辺退化に対応する余次元 2 の面の面角 ω_n は，121 ページにあるとおり

$$\cos\omega_n = \frac{1}{2\cos(2\pi/n)}$$

をみたす $\pi/3$ 以下の角度である．各点で特異集合に直交する方向への切断では 6 つの ω_n を角度に持つ楔形が集まるので，(ijk) の内点は真の錐特異点となる．

以上で $n \geq 7$ では特異点が生じ，$n = 5$ は非特異であることが分かった．$n = 6$ でも余次元 2 の面の内点では非特異である．しかし余次元 3 の面があるので，その周りの特異性を調べる．$n = 6$ のときこの面は頂点であり，3 つの互いに隣接しない辺が退化した 3 角形に対応する．たとえば $p = \langle i_0 i_1 i_2 i_3 i_4 i_5 \rangle$ とし，Δ_p の $(i_0 i_1)(i_2 i_3)(i_4 i_5) = (i_0 i_1) \cap (i_2 i_3) \cap (i_4 i_5)$ で表される頂点を取り，この点を共有する成分を考える．このとき 3 点の分離方法は i_0 と i_1，i_2 と i_3 および i_4 と i_5 をそれぞれ左右に分ける 8 通りである．したがって Δ_p に $(i_0 i_1)(i_2 i_3)(i_4 i_5)$ で隣接する成分は 7 つである．一方，それぞれの多面体は頂点のところには互いに直交する 3 つの面が集まる．このような頂点の近傍は，3 次元双曲空間のある開集合と等長的である．とくに $n = 6$ の場合は特異点はまったく生じない．

以上をまとめると，

定理：$\mathcal{X}_n$ は双曲錐多様体　$\mathcal{X}_n$ は $(n-3)$ 次元双曲錐多様体である．$n \leq 6$ のときは特異集合は空であり，$n \geq 7$ のときは必ず特異点が生じる．

n が偶数の場合は理想頂点があり，$\mathcal{X}_n$ はコンパクトではない．したがって Riemann 計量から誘導される距離が完備かどうかは直ちにはわからない．このような状況で完備性を判定する条件は §3 の参考文献 [Thurston 1 New] の定理 3.4.23 に記されている．それによれば，ここで判定条件を述べることはしないが，完備であることが確かめられる．たとえば $n = 6$ のときは，Δ_6 の理想頂点の近傍をホロ球面で切断したとき Euclid 正方形が現われることからわかる．

（蛇足）$n = 6$ の場合について，もう少し詳しい情報を記しておく．貼り合わせの結果得られる $\mathcal{X}_6$ は，理想頂点がいくつか集まって無限遠に延びるエンドをつくる．これは前章最後の 8 の字結び目の補空間の場合の結び目の近傍が表すエンドと同様で，位相的には 2 次元トーラスと直線の直積である．このようなエンドはカスプとよばれている．$\mathcal{X}_6$ の各カスプは，組み合わせ的には 6 色を 3 個ずつの色の組 2 つに分ける分け方に対応し，合計 10 個ある．すなわち $\mathcal{X}_6$ は 10 個のカスプを持つ 3 次元完備双曲多様体である．$\mathcal{X}_6$ の構成要素である Δ_6 の幾何的性質は明快なので，$\mathcal{X}_6$ は，体積 $54.657\cdots$ で，指数 6 の対称群の対称性をもつ体積最小の双曲多様体であることなどが，既存の結果からすぐにわかる．等角彩色 6 角形の相似類の集合には固有の体積があるのである．

§2.　彩色 5 角形の形

等角彩色 n 角形の形の空間には双曲錐多様体としての構造が入った．それでは等角という条件をはずすとどうなるだろうか？　星の形の空間を求めた第 VI 章の議論をふまえると，外角の変化にともない空間が変形されることが予想される．この節では，$n=5$ の場合にそれを確かめる．

彩色 5 角形に対して，j で色付けされた頂点の外角を θ_j で表し，外角の組に次の条件を課す．

$$\Theta = \{\theta = (\theta_0, \theta_1, \cdots, \theta_4) \in \mathbf{R}^5 \mid \sum_j \theta_j = 2\pi,\ \theta_j > 0,\ \theta_i + \theta_j < \pi,\ i \neq j = 0, \cdots, 4\}.$$

最後の互いに異なる外角の和が π 以下であるという条件は，どのような彩色に対しても，各辺を延長すると星が得られることを求めるものである．

鏡円順列 $p = \langle i_0 i_1 i_2 i_3 i_4 \rangle$ を指定したとき，外角の組が $\theta = (\theta_0, \cdots, \theta_4) \in \Theta$ で彩色が p にしたがう彩色 5 角形の形の集合は，139 ページの補題によりある双曲直角 5 角形の内部と自然に同一視できる．そのような双曲直角 5 角形を $\Delta_{p,\theta}$ で表す．$\Delta_{p,\theta}$ の頂点，あるいは辺は退化の状況を表す色の組でラベル付けられている．これらすべての鏡円順列に関する和をとって得られる彩色 5 角形の形の空間を $\mathcal{X}_{5,\theta}$，またはもっぱら $n=5$ の場合を論じるので単に $\mathcal{X}_\theta$ で表すことにする．

前節の議論は任意の $\theta \in \Theta$ に対してまったく同様に展開でき，$\mathcal{X}_\theta$ は互いに等長的とはかぎらない 12 枚の双曲直角 5 角形からなる双曲曲面になる．組み合わせ構造は θ によらず不変なので，トポロジーは変わらず，$\mathcal{X}_\theta$ は向き付け不可能な曲面 $\#^5\mathbf{RP}^2$ に位相同型である．$\mathcal{X}_\theta$ は (ij) 等と色付けられた 10 本の単純閉曲線によるラベルが付いている．

θ が変わると，トポロジーは不変だが構成要素である直角 5 角形の形が変わるので，双曲構造が変わることが想像される．そこで簡単に $\#^5\mathbf{RP}^2$ 上のラベル付き双曲構造全体の空間の様子を Teichmüller 理論にしたがって概観する．Teichmüller 理論の詳細は参考文献の [今吉 - 谷口] を参照してほしい．

閉曲面が向き付け可能なとき，ラベル付き双曲構造全体からなる Teichmüller 空間は，種数を g あるいはオイラー標数を χ とすると，$6g-6=-3\chi$ 次元の Euclid 空間と位相同型になる．そのパラメータは，$3g-3$ 本からなる互いに交わらない本質的な単純閉曲線の極大族を選ぶとき，それぞれの長さと，ツイストパラメータとよばれる閉曲線に沿っての貼り合わせのひねり具合であたえられる．

双曲曲面上の曲線は，曲線上の各点で局所的に等長対応で双曲平面の直線にうつるとき測地線という．双曲曲面上の任意の可縮でない単純閉曲線は，曲面が向き付け可能であれば一意的な単純閉測地線に連続的に変形される．また，互いに交わらない本質的な単純閉曲線の組も一斉に，互いに交わらない単純閉測地線の組に連続的に変形される．この 2 つが Teichmüller 空間のパラメータを与えるための基本的な事実である．

議論を向き付け不可能な曲面に適用するとき，近傍が Möbius の帯と位相同型になる単純閉曲線があるため若干の修正を要する．このような閉曲線を片側曲線，そうでない閉曲線を両側曲線とよぶと，向き付け不可能な閉曲面の Theichmüller 空間のパラメータは，やはり互いに交わらない本質的な単純閉曲線の極大族を選んだとき，それぞれの長さと，そのうちの両側閉曲線のツイストパラメータであたえられる．とくに閉曲面のオイラー標数を χ とすれば，Teichmüller 空間は -3χ 次元の Euclid 空間と位相同型になる．たとえば $\#^5\mathbf{RP}^2$ の Teichmüller 空間 $\mathcal{T}(\#^5\mathbf{RP}^2)$ は，$\mathbf{R}^9$ に位相同型である．

以上で概観を終え本題に戻る．θ に対し $\mathcal{X}_\theta$ のラベル付き等長類を指定することにより，142 ページの η に相当する連続写像

$$\Omega : \Theta \to \mathcal{T}(\#^5\mathbf{RP}^2)$$

が得られる．前章とは次元の関係が逆転し，Θ と $\mathcal{T}(\#^5\mathbf{RP}^2)$ は，それぞれ 4 次元と 9 次元の Euclid 空間と位相同型である．本章では，Yamashita の定理とは対比的に，外角の組を変えれば必ず双曲構造が変わることを示す次の定理を証明する．

定理：Ω は埋め込み　Ω は単射．

証明には第 VI 章の議論が必要なため，すこし復習をする．

$$\mathcal{T} = \{(p,q) \in \mathbf{R}^2 \,|\, 0 < p,q < 1,\, p^2+q^2 > 1\}$$

は 141 ページにあるとおり，Klein モデルの座標軸を効果的に利用することにより，ラベル付き双曲直角 5 角形の Teichmüller 空間と同一視できる．一方 143 ページの解説にしたがえば，与えられた外角の組 $\theta \in \Theta$ から座標 (p,q) を計算する初等幾何学的な方法がある．まず θ を外角の組とし，鏡円順列 $\langle i_0 i_1 i_2 i_3 i_4 \rangle$ にしたがう 5 角形を複素数平面上に描く，そして下辺と右上および左上の辺を延長して 3 角形をつくり，下辺を x 軸の $[0,1]$ に置くように相似変形し，さらに残りの 2 辺を上の頂点を通るように平行移動でうつし下辺まで延長する．このとき下図の逆対応により，$[0,1]$ の間の交点の座標から p,q の値が読み取れる．

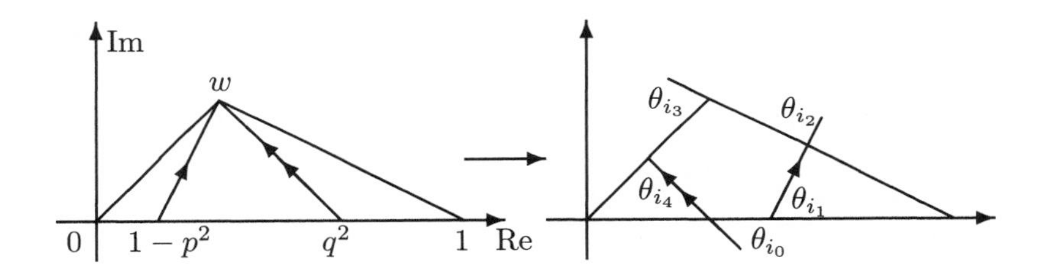

定理の証明　鏡円順列 $p = \langle i_0 i_1 i_2 i_3 i_4 \rangle$ と外角の組 $\theta \in \Theta$ に対して，$\Delta_{p,\theta}$ のラベル付き等長類を対応させる写像を

$$\Upsilon_p : \Theta \to \mathcal{T}$$

で表す．そこで $\mathcal{X}_\theta$ の構成要素のうち，1 頂点を共有する 2 つの直角 5 角形の形に注目する．ここではとくに 166 ページの図の中心を共有する左下と右上の 5 角形を取り上げ，次の積写像を考える．

$$\Upsilon = \Upsilon_{\langle 01234 \rangle} \times \Upsilon_{\langle 10324 \rangle} : \Theta \to \mathcal{T} \times \mathcal{T}$$

Ω の像は，12 枚の直角 5 角形を貼り合わせた双曲曲面からなり，各々は (ij) でラベル付けされた 10 本の閉測地線をもつ．これらの閉測地線による $\mathcal{X}_\theta$ の分解は θ により一意的に決まり，切り取られる双曲直角 5 角形の形は θ のみによる．とくに Υ_p は Ω と Ω の像から $\mathcal{T}$ への写像の合成に分解できる．したがって 2 つの積をとった Υ の単射性が Ω の単射性を導く．

そこで $((p_1,q_1),(p_2,q_2))$ を Υ の像から選び，θ をこの点の Υ の逆像から θ を任意に選ぶ．θ は $\Upsilon^{-1}_{\langle 01234\rangle}((p_1,q_1))$ と $\Upsilon^{-1}_{\langle 10324\rangle}((p_2,q_2))$ の共通部分にある．Yamashita の定理により $\Upsilon^{-1}_{\langle 01234\rangle}((p_1,q_1))$ および $\Upsilon^{-1}_{\langle 10324\rangle}((p_2,q_2))$ を上半平面 $\mathbf{B}^2$ と自然に対応させ，θ の $\mathbf{B}^2$ での像をそれぞれ w_1, w_2 とする．w_1, w_2 は前ページで復習した初等幾何学的手法により，下図の状態として $\mathbf{B}^2$ 上に置かれる．

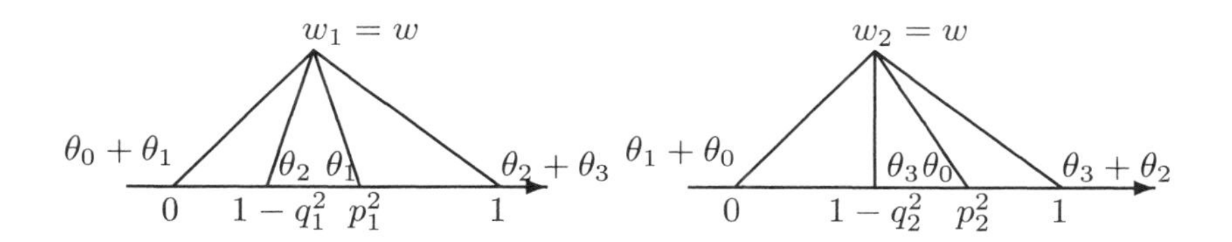

一方図から，$\triangle w_1 01$ と $\triangle w_2 01$ は外角が等しいので合同である．とくに $w_1 = w_2$ であり，$w_1 = w_2 = w$ と置こう．さらに $\triangle w0p_1^2$ の p_1^2 における角度は θ_1 であり，$\triangle w0p_2^2$ の p_2^2 における角度は θ_0 である．したがって $\triangle w0p_1^2$ と $\triangle w0p_2^2$ は相似．以上から

$$|w| : p_1^2 = p_2^2 : |w|$$

となる．これは $|w|^2 = (p_1p_2)^2$ を導き，w が 0 を中心とし半径 p_1p_2 の円の上にあることを示す．

同様な議論をたどれば，$\triangle w_1(1-q_1^2)1$ と $\triangle(1-q_2^2)1w_2$ は相似で，w は 1 を中心とする半径 q_1q_2 の円の上にあることがわかる．これらの 2 つの円は $\mathbf{B}^2$ ではただ 1 点で交わるので，w は $(p_1,q_1),(p_2,q_2)$ から一意的に決まる．したがって θ は一意的に決まり，Υ は単射である．　□

（蛇足） $\Omega:\Theta\to\mathcal{T}(\#^5\mathbf{RP}^2)$ は固有写像である．すなわち，かってなコンパクト集合の逆像はコンパクトである．これは Θ の境界に近づくとき，ある色の組 i,j に対して $\theta_i+\theta_j$ が π に近づき，(ij) で表わされる閉測地線の長さが 0 に近づき，像が $\mathcal{T}(\#^5\mathbf{RP}^2)$ の無限遠に飛ぶからである．

（蛇足） この節の議論を一般の n に拡張するには，Teichmüller 理論に相当する一般の次元の双曲錐多様体の変形論があることが望まれるが，現在はそれは 3 次元を除くと何も手が付けられていない．3 次元では，Thurston による双曲 Dehn 手術理論がより一般の設定で展開された．$\mathcal{X}_6$ の変形も双曲 Dehn 手術理論の枠におさまり，本章の定理と同様の変形が効果的であることが確かめられる．

§3.　追加参考文献

この節では，初版の参考文献 (p 159-161) に関するいくつかの進展についてコメントし，さらに新しい関連論文を記す．

[今吉 - 谷口] は大幅に増補された英訳が出版された．

[Imayoshi-Taniguchi]　Y. Imayoshi and M. Taniguchi, An Introduction to Teichmüller Spaces, Springer, Tokyo and New York, 1992.

これまでの Teichmüller 理論の解説書に比べ，表記が解析に片寄りすぎず，名著との評判が集まっている．とくに幾何との絡みに興味がある人には絶好の入門書である．

[Thurston 1] は，その一部が大幅に改訂され改題されて出版された．

[Thurston 1 New]　W. Thurston, edited by S. Levy, Three-Dimensional Geometry and Topology, Princeton Univ. Press, 1997.

さらに日本語訳が，私の監訳で

[Thurston 1 New 訳]　3 次元幾何学とトポロジー，培風館

として 1999 年の 1 月に出版された．[Thurston 1 New] は [Thurton 1] とは比べ物にならないほど記述が丁寧になっている．また 3 次元の幾何構造など，多くの新しい題材を取り入れている．第 V 章の $n=5$ の場合は，問題として取り上げられている．一方，内容は [Thurston 1] の 3 章までをカバーしたにすぎず，斬新なアイデアにあふれる 4 章以降は，幻のなかに埋まりそうで，いまだに心配である．[Thurston 1 New 訳] は，翻訳を担当下さった先生方のご尽力で，原著の持ち味が十分引き出された．日本語圏では，この訳書がより広い層の読者に新鮮な感動を伝えることを期待している．

[Thurston 3] は未だに出版されていないが，若干改訂され，題も少し変わり，プレプリントサーバから直接ダウンロードできるようになった．

[Thurston 3 New] W. Thurston, Shapes of polyhedra and triangulations of the sphere, http://front.math.ucdavis.edu/math.gt/

ネットワーク環境の進展は著しく，想像できないほど多様な情報提供の手段が混在している．この新しいプレプリントはカラーの絵が入り，数学の成果の表現方法も新たな段階に入っていることを実感させられる．

以下は新しい関連論文などのリストである．[1] は第 VI 章の解析を 6 角形で行ない，[2] は外角を固定したときに現われる双曲多面体の一覧表を求めた．増補した第 VII 章は，[8] の一部の紹介である．関連する 3 次元双曲錐多様体の理論は，[4,7,3] により基礎が固められつつある．[5,6] は多角形を辺の長さを固定して得られる図形の集合を扱っているが，双対性により彩色多角形の形の空間と等価である．[9] は第 VII 章の変形の様子を可視化するプログラムであり，私の研究室のホームページからダウンロードできる．

[1] K. Ahara and K. Yamada, Shapes of hexagrams, to appear in J. Mathematical Sciences, Univ. of Tokyo.

[2] C. Bavard and E. Ghys, Polygones du plan et polyedres hyperboliques, Geometricae Dedicate, 43 (1992), 207-224.

[3] D. Cooper, C. Hodgson and S. Kerckhoff, Three-dimensional Orbifolds and Cone-Manifolds, to appear in MSJ Memoirs.

[4]　C. Hodgson and S. Kerckhoff, Rigidity of hyperbolic cone manifolds and hyperbolic Dehn surgery, J. Differential Geom., 48 (1998), 1-59.

[5]　M. Kapovich and J. Millson, On the moduli space of polygons in the euclidean plane, J. Differential Geom., 42 (1995), 133-164.

[6]　M. Kapovich and J. Millson, The symplectic geometry of polygons in euclidean space, J. Differential Geom., 44 (1996), 497-513.

[7]　S. Kojima, Deformations of hyperbolic 3-cone-manifolds, J. Differential Geom., 49 (1998), 469-516.

[8]　S. Kojima, H. Nishi and Y. Yamashita, Configuration spaces of points on the circle and hyperbolic Dehn fillings, Topology, 38 (1999), 497-516, — , II, preprint.

[9]　増田寛行，双曲空間の視覚化，http://www.is.titech.ac.jp/labs/sadalab からダウンロード可能．

「第 VII 章 §**3.**　追加参考文献」への補遺

増補版の追加文献について，出版状況で進展があったのは以下の 3 件である．

- [Thurston 3 New]　Geometry & Topology, Monographs, 1 (1998), 511–549.
- [1]　J. Math. Sci. Univ. Tokyo, 6 (1999), 539–558.
- [3]　MSJ Memoirs, 5 (2000).

また，[9] は 2018 年に私が東京工業大学を退職したことを機に閉鎖された．

索　引

数字・記号

欧　文

あ 行

か 行

さ 行

た　行

は　行

ま　行

や　行

ら　行

著者紹介

小島　定吉（こじま　さだよし）

1976 年　東京大学理学部数学科 卒業
1978 年　東京大学大学院理学系研究科数学専攻 修士課程修了
1978 年　東京都立大学理学部 助手
1981 年　Ph.D.（Columbia 大学）
1985 年　東京都立大学理学部 助教授
1987 年　東京工業大学理学部 助教授
1994 年　東京工業大学大学院情報理工学研究科（後に情報理工学院）　教授
2018 年—現在　早稲田大学理工学術院 教授

主要著訳書：『多角形の現代幾何学』（牧野書店，1993）
『トポロジー入門』（共立出版，1998）
『3 次元幾何学とトポロジー』監訳（培風館，1999）
『多角形の現代幾何学［増補版］』（牧野書店，1999）
『3 次元の幾何学』（朝倉書店，2002）
『離散構造』（朝倉書店，2013）
『サーストン万華鏡』編著（共立出版，2020）

※本書は 1999 年 10 月に㈲牧野書店から刊行された『多角形の現代幾何学［増補版］』を共立出版㈱が継承し発行するものです．

多角形の現代幾何学［新装版］
—サーストンのアプローチより—
Geometry of Polygons
—From Thurston's Approach—

2021 年 7 月 10 日　初版 1 刷発行

検印廃止
NDC 414.8

ISBN 978-4-320-11452-4

著　者　小島定吉　© 2021
発行者　南條光章
発行所　**共立出版株式会社**
〒112-0006
東京都文京区小日向 4-6-19
電話番号　03-3947-2511（代表）
振替口座　00110-2-57035
www.kyoritsu-pub.co.jp

印　刷
製　本　大日本法令印刷

一般社団法人
自然科学書協会
会員

Printed in Japan